共生視角下企業創新網路

對技術創新績效的影響及治理研究

陳佳瑩、林少疆/著

崧燁文化

摘　要

　　當今時代，消費需求千變萬化，產業技術更新換代的步伐也越來越快。目前，企業單單依靠自然資源的壟斷或者自主研發模式已不能應付瞬息萬變的市場環境，企業所面臨的外部競爭環境已發生了轉變。隨著企業外部環境的變化，企業技術創新管理觀念也相應地發生了改變，具體表現為從技術活動的單一階段轉向全過程，從單項活動轉向多項活動的集成，從靜態線性模式轉向動態網路化。在這種情況下，產學研合作、技術聯盟、委託分包和虛擬組織等各種網路化組織形式陸續湧現出來，有助於企業與各種利益相關者結成關係網，有效地整合創新資源。這說明企業技術創新活動逐漸呈現出新趨勢：網路化。隨著企業經營者對技術創新活動提出網路化管理的需求，理論界展開了對企業創新網路的研究。企業創新網路是指在技術創新活動中，企業與合作夥伴相互聯結而形成的各種關係的總和。繼 Freeman、Granovetter、Håkansson、Burt 等學者以後，國內外諸多學者越來越關注企業創新網路，並對其形成、聯結機制、演化與治理，以及企業創新網路結構特徵和關係特徵對技術創新績效的影響作用進行了探討。近年來，企業創新網路越來越受到國內許多學者的重視。他們認為企業很少單獨進行創新，而更趨向於與用戶、供應商、大學和研究機構甚至競爭對手進行合作與交流，獲取新產品構思或產品技術。相關研究表明，網路概念正在經濟、管理、社會學科領域得到廣泛應用。使用這一概念便於跨學科對話，並且企業創新網路可以促進企業間溝通，培養信任感，在合作關係中能夠迅速對接，完成市場交易過程，節省企業處理衝突和搜索互補資源的成本，對於企業技術創新具有重要的現實意義。

　　根據現有文獻來看，從企業創新網路的角度來分析技術創新活動，雖能較好地剖析技術創新過程中企業與合作夥伴之間的交流頻度、關係持久性、信任、滿意、承諾等問題，但卻很難判斷企業與合作夥伴之間潛在的合作方式、共享創新資源種類和數量、創新資源的傳遞效率等究竟對技術創新績效產生正

向還是負向影響。這是因為現有文獻一般將企業創新網路作為一個「黑箱」來處理，沒有全面系統地闡述創新網路是如何通過內在結構特徵影響網路主體的創新行為與績效。而現實情況是「企業的創新活動跨越了單個組織的邊界，更多地依賴於企業間的協作與交互行為」。通過文獻梳理和實地調研，本書發現，由於資源稟賦和能力的不同，企業會構建不同的創新網路，根據創新網路的不同，企業將會採取不同的行為及管理策略，而這些行為和策略將直接導致企業技術創新績效的不同。企業創新網路特徵與技術創新績效之間存在的「黑箱」指引我們進一步探索。本書基於共生理論、企業創新網路理論和技術創新管理理論等，構建了「企業創新網路—共生行為—技術創新績效」的理論研究模型，並採用 SPSS 統計分析與 Amos 結構方程建模，分析了企業創新網路、共生行為對技術創新績效的影響機理，揭示了共生行為在企業創新網路與技術創新績效之間的仲介作用。並且，本書針對高新技術企業、農業科技企業和農業資源型企業等不同行業中的企業，進行調研和分析，提出相應的技術創新管理對策，希冀能夠對各個行業技術創新管理實踐具有一定的指導意義。

　　本書內容主要分為以下幾個部分：第一，探析企業創新網路、企業共生行為的內涵與特徵，以企業創新網路理論為指導，從主體適應性、共同演化性和系統根植性分析企業創新網路的特徵，發現企業創新網路具有生態化特徵，在此基礎上以共生原理為指導，將企業創新網路中的共生行為劃分為共生能量分配和共生界面擴展兩個屬性進行闡述；第二，構建企業創新網路結構的測量指標體系，基於格蘭諾維特（Granovetter，1996）「結構—關係嵌入性理論」，採用「規模」「開放度」「異質性」來測量企業創新網路的結構特徵，選取「關係強度」「關係久度」和「關係質量」來測量企業創新網路的關係特徵；第三，設計企業共生行為的測量指標體系，基於袁純清的共生理論，設計並檢驗了共生行為的測量指標體系，發現共生行為可由共生界面擴展、創新資源豐度和共生能量分配三個維度來組成；第四，提出「企業創新網路—共生行為—技術創新績效」理論研究模型，揭示企業創新網路如何影響技術創新績效，並揭示企業創新網路怎樣通過共生行為，最終影響技術創新績效的影響機理；第五，從共生視角研究高新技術企業技術創新管理模式，針對「依託型」「共棲型」「漁利型」及「協同型」四種類型的企業技術創新管理模式提出相應的管理策略和提升路徑；第六，從技術創新能力的結構性成長特徵入手，分析其對農業科技企業發展的影響，進一步剖析了兩種類型農業科技企業的優劣勢，指出中國農業科技企業應註重技術創新能力的結構性均衡發展，從而保證企業核心競爭能力和企業規模的持續性成長；第七，基於技術創新能力的結構性成

長特徵，從自主創新能力、外源技術協同能力和成果轉化能力三個能力維度構建技術創新能力評價體系，從實地調研中提取評價要素，並利用 AHP 法計算得出西部農業資源型企業技術創新能力水平，為西部農業資源型企業創新管理活動提供參考。

本書的主要創新點是：第一，基於共生理論，界定了共生行為內涵與外延，開發了共生行為量表。本書依據共生理論和技術創新理論，並結合實地調研拓展了共生行為的操作性定義，為共生行為的量化研究奠定基礎。雖然共生行為是一個早就熟悉的概念，其概念被多次借鑑來分析經濟管理領域的問題，但尚未出現可借鑑的測量手段。本研究主要依據文獻資料、案例訪談與關鍵詞整理的方式，首先探討出共生行為應具備兩個維度，即共生界面擴展和共生能量分配，並從這兩個維度出發設計了具有普適性、科學性和可操作性的共生行為測量指標。正式問卷形成後，採用 EFA、CFA、競爭性模型比較發現共生行為由三個因子——共生界面擴展、創新資源豐度和能量分配效率組成。競爭性測量模型分析結果表明三因子模型比單因子模型和兩因子模型具有更好的擬合效果，故本書選擇了三個維度作為共生行為的測量指標體系，拋棄了之前「共生行為由兩個維度構成」的假想。第二，構建了「企業創新網路—企業共生行為—企業創新績效」（NCP）理論研究模型，並實證檢驗。本書依據理論研究模型提出研究假設，運用 SPSS 統計分析和結構方程建模實證檢驗了共生行為在企業創新網路與技術創新績效之間的仲介作用。第三，本研究依據實證研究和案例梳理的結果，提出了「依託型」「共棲型」「漁利型」及「協同型」四種類型的企業技術創新管理模式，並提出技術創新能力的結構性成長特徵，以及技術創新能力評價指標體系，這有利於幫助企業提煉出技術創新管理的關鍵要素，發掘自身的優勢，為高新技術企業、農業科技企業和農業資源型企業的技術創新管理提供理論基礎和實踐指導。

關鍵詞：共生；企業創新網路；技術創新績效；影響；治理

目　錄

1 緒論 / 1
 1.1 研究背景 / 1
  1.1.1 企業創新網路的研究成為熱點 / 1
  1.1.2 技術創新管理模式正處於轉型期 / 2
  1.1.3 共生行為是技術創新管理的內部黑箱 / 3
 1.2 研究意義 / 5
  1.2.1 理論意義 / 5
  1.2.2 實踐意義 / 6
 1.3 研究目的、方法和技術路線 / 6
  1.3.1 研究目的 / 6
  1.3.2 研究方法 / 7
  1.3.3 技術路線 / 8
 1.4 內容結構 / 10
 1.5 創新之處 / 14

2 **文獻綜述** / 16
 2.1 共生相關研究綜述 / 16
  2.1.1 共生的概念與本質 / 16
  2.1.2 共生理論的概念及基本原理 / 17
  2.1.3 共生模式 / 20
  2.1.4 共生理論在技術創新研究領域的應用 / 22
  2.1.5 研究述評 / 23

2.2 企業創新網路相關研究綜述 / 24
    2.2.1 企業創新網路的界定與分類 / 24
    2.2.2 企業創新網路的治理 / 27
    2.2.3 企業創新網路特徵對創新績效的影響 / 29
    2.2.4 研究述評 / 33

2.3 技術創新相關研究綜述 / 34
    2.3.1 技術創新的界定 / 34
    2.3.2 技術創新能力評價研究 / 36
    2.3.3 技術創新管理理論 / 37
    2.3.4 研究述評 / 39

2.4 本章小結 / 39

3 企業創新網路特徵分析 / 41

3.1 企業創新網路中的創新夥伴及其作用 / 41
    3.1.1 政府機構的作用 / 42
    3.1.2 供應商（產品製造商）的作用 / 42
    3.1.3 研究和培訓機構的作用 / 42
    3.1.4 合作供應商的作用 / 42
    3.1.5 競爭對手的作用 / 43
    3.1.6 外部顧問的作用 / 43
    3.1.7 客戶的作用 / 43
    3.1.8 分銷商的作用 / 44

3.2 企業創新網路的結構特徵 / 44
    3.2.1 網路規模 / 44
    3.2.2 網路異質性 / 45
    3.2.3 網路開放度 / 45

3.3 企業創新網路的關係特徵 / 46
    3.3.1 關係強度 / 46
    3.3.2 關係久度 / 47
    3.3.3 關係質量 / 47

3.4 本章小結 / 48

4 企業創新網路與技術創新績效的關係 / 49

4.1 結構特徵與技術創新績效間的關係分析 / 49

4.1.1 網路規模與技術創新績效 / 49

4.1.2 網路異質性與技術創新績效 / 49

4.1.3 網路開放度與技術創新績效 / 50

4.2 關係特徵與技術創新績效間的關係分析 / 50

4.2.1 關係強度與技術創新績效 / 50

4.2.2 關係久度與技術創新績效 / 51

4.2.3 關係質量與技術創新績效 / 52

4.3 本章小結 / 52

5 共生行為的界定 / 54

5.1 共生行為的內涵與特徵 / 54

5.1.1 競爭與合作特性 / 54

5.1.2 融合性 / 55

5.1.3 穩定性 / 56

5.1.4 增殖性 / 56

5.1.5 效率性 / 57

5.2 共生行為的分類 / 57

5.2.1 共生行為擴展 / 58

5.2.2 共生能量分配 / 60

5.3 本章小結 / 61

6 「NCP」理論研究模型 / 62

6.1 構建研究模型 / 62

6.2 提出研究假設 / 66

6.2.1 結構特徵與技術創新績效 / 66

6.2.2 關係特徵與技術創新績效 / 67

6.2.3 共生行為與技術創新績效 / 68

6.2.4 企業創新網路特徵與共生行為 / 69

6.2.5 共生行為在結構特徵與技術創新績效間的仲介作用 / 70

  6.2.6 共生行為在關係特徵與技術創新績效間的仲介作用 / 72

 6.3 **技術創新績效的測量** / 72

 6.4 **結構特徵的測量** / 74

  6.4.1 網路規模 / 74

  6.4.2 網路異質性 / 75

  6.4.3 網路開放度 / 76

 6.5 **關係特徵的測量** / 77

  6.5.1 關係強度 / 78

  6.5.2 關係久度 / 79

  6.5.3 關係質量 / 81

 6.6 **共生行為的測量** / 83

  6.6.1 共生界面擴展 / 83

  6.6.2 共生能量分配 / 84

 6.7 **預調研** / 86

  6.7.1 預試問卷設計與發放 / 86

  6.7.2 預調研題項精煉 / 89

  6.7.3 正式問卷形成 / 101

 6.8 **本章小結** / 101

7 數據分析與結果討論 / 103

 7.1 **正式問卷發放與描述性分析** / 103

  7.1.1 正式問卷的發放與回收 / 103

  7.1.2 大樣本描述性統計分析 / 104

  7.1.3 數據正態分布檢驗 / 106

 7.2 **大樣本信度與效度分析** / 108

  7.2.1 大樣本探索性因子分析 / 108

  7.2.2 大樣本信度分析 / 115

  7.2.3 大樣本效度分析 / 116

  7.2.4 變量間 Pearson 相關係數 / 120

  7.2.5 獨立樣本 T 檢驗與方差分析 / 120

7.3 結構方程建模方法 / 123
 7.3.1 SEM 方法 / 123
 7.3.2 擬合指數準則 / 123

7.4 模型擬合與假設檢驗 / 125
 7.4.1 結構特徵與技術創新績效間的關係分析 / 125
 7.4.2 結構特徵與共生行為間的關係探析 / 128
 7.4.3 共生行為對技術創新績效的影響分析 / 130
 7.4.4 關係特徵與技術創新績效間的作用分析 / 132
 7.4.5 關係特徵與共生行為間的作用探析 / 135
 7.4.6 共生行為在結構特徵與技術創新績效間的仲介作用 / 137
 7.4.7 共生行為在關係特徵與技術創新績效間的仲介作用 / 142

7.5 實證結果與討論 / 146
 7.5.1 理論模型修正 / 146
 7.5.2 研究假設驗證結果匯總 / 147
 7.5.3 結構特徵與技術創新績效間關係的研究結論 / 148
 7.5.4 關係特徵與技術創新績效間關係的研究結論 / 149
 7.5.5 共生行為與技術創新績效間關係的研究結論 / 150
 7.5.6 結構特徵與共生行為間關係的研究結論 / 151
 7.5.7 關係特徵與共生行為間關係的研究結論 / 152
 7.5.8 共生行為仲介作用檢驗的研究結論 / 153

7.6 本章小結 / 154

8 技術創新管理模式研究——以高新技術企業為例 / 155

8.1 共生行為與技術創新管理 / 155

8.2 傳統技術創新管理模式的不足 / 156

8.3 基於共生行為的技術創新管理模式構建 / 157
 8.3.1 依託型技術創新管理模式 / 158
 8.3.2 共栖型技術創新管理模式 / 159
 8.3.3 漁利型技術創新管理模式 / 161
 8.3.4 協同型技術創新管理模式 / 164

8.4 本章小結 / 167

9 技術創新能力的成長特徵研究——以農業科技企業為例 / 168

9.1 技術創新能力的結構性成長特徵 / 169
9.1.1 產生背景 / 170
9.1.2 內涵與實質 / 170

9.2 結構性成長特徵造成的影響 / 171

9.3 不同類型農業科技企業的可持續發展路徑 / 172
9.3.1 自主創新型可持續發展路徑 / 173
9.3.2 外源協同型可持續發展路徑 / 174

9.4 本章小結 / 174

10 技術創新能力的評價研究——以西部農業資源型企業為例 / 176

10.1 技術創新能力評價模型構建 / 176

10.2 技術創新能力評價的實證分析 / 178
10.2.1 計算指標權重 / 178
10.2.2 計算得分及排名 / 180
10.2.3 結果分析 / 182

10.3 本章小結 / 183

11 結束語 / 184

11.1 研究結論 / 184
11.1.1 企業創新網路的重要特性——共生 / 184
11.1.2 企業創新網路對創新績效的影響機理 / 185
11.1.3 企業創新網路的治理——管理模式、成長特徵及能力評價 / 185

11.2 研究展望 / 186
11.2.1 理論體系的完善 / 187
11.2.2 研究方法的創新 / 187
11.2.3 研究視角的切換 / 187
11.2.4 應用空間的拓展 / 188

參考文獻 / 189

1 緒論

企業技術創新一直以來都備受理論界和實踐者們的關注，本書從共生視角出發，基於企業創新網路理論、共生理論和技術創新管理理論，剖析了企業創新網路對創新績效的影響機理，以及技術創新活動的管理策略。本章將對本書的研究背景與研究意義、研究目的、研究方法與技術路線、論文結構及主要創新點進行介紹。

1.1 研究背景

1.1.1 企業創新網路的研究成為熱點

自 20 世紀末期以來，企業創新網路逐漸成為理論界和實踐者的研究熱點，國內外學者對此的研究主要集中在創新網路的形成、結構、聯結機制、演化與治理等方面。Doz（2000）等通過研究發現，企業創新網路的形成往往存在兩種路徑，即自生和構建的過程。Imai 和 Baba（1991）認為網路架構的主要連接機制是企業間的創新合作關係。Kogut（2000）認為創新網路是一種關於企業之間如何共同完成創新活動的制度安排，企業和組織是網路的節點，而一系列契約描述了具體的連接方式。關士續（2002）、張維迎（2005）等闡述了創新網路在高新技術產業發展中的重要作用。當今技術創新最突出的特點可能是只有很少數的公司和其他組織能夠單獨進行創新，尤其在技術比較複雜的領域，如生物工程、信息技術、微電子等產業更是如此（Rycroft，2003）。周青、曾德明和秦吉波（2006）認為企業創新網路作為一種新型的組織形態，在不斷成長與發展，其高績效離不開有效的管理與控制方法。吳貴生（2006）提出企業創新網路是在技術創新活動中的企業或個人之間的聯繫而形成的一種關係網路。他認為，在外界環境變得日益複雜的情況下，企業已不能單獨完成創

新項目，而需要與外部組織發生聯繫以便獲取各種創新資源。這些外部組織主要包括科研機構、政府部門、客戶、供應商、競爭者。潘衷志（2008）指出，產業集群中，技術創新活動是相互影響的，企業往往通過網路化、業務模塊化等組織形式來實現知識、技術等創新資源的有效傳遞和整合，這種跨越單個組織邊界的、企業間協同的技術創新活動是幫助企業取得競爭優勢的關鍵，但是企業間的協調成本也在不斷提高。吳傳榮等（2010）分析高技術企業創新網路構成要素、特徵，梳理了各個要素之間的影響關係，採用了系統動力學模型來預測該創新網路系統未來發展趨勢，提出相關策略建議，論證了創新網路的關鍵影響因素及對企業發展的重要意義。

近年來，國內外諸多學者從共生視角對企業技術創新活動及管理開展了大量的研究，並取得了豐碩的理論成果。徐彬（2010）運用共生理論探析了中小型科技企業的共生單元、共生環境、共生界面，並構建了以技術資源要素的移動和重新配置為主要內容而進行的技術創新管理的共生機制及基本模式。於驚濤等（2008）通過對東北地區裝備製造企業的實證研究發現，外包服務商的服務能力、本地仲介機構能力、本地技術支持能力和信息共享能力是影響製造企業的技術外包共生關係強度的重要因素。張紅、李長洲等（2011）運用案例研究法，探尋供應鏈聯盟互惠共生界面選擇機制的影響因素，結果發現加盟企業與盟主企業合作願景的兼容性、聯盟成員間知識的互動和整合方式會對聯盟互惠共生界面選擇機制產生影響。張志明、曹鈺（2009）認為共生理論適用於分析企業技術創新，比如企業之間的合作可以看作是一個共生體，既有合作又有分工，而企業之間的資源轉移可以看作是共生能量的交換與分配過程，這種資源流動是以共生界面為載體來實現的。

由此可見，隨著企業技術創新管理呈現出網路化和生態化的特徵，國內外學者從企業創新網路和共生行為的角度來探討企業技術創新管理問題具有一定的適用性。本研究結合了兩者的視角，試圖進一步分析企業技術創新活動的關鍵影響因素及影響機制。

1.1.2 技術創新管理模式正處於轉型期

根據 Rothwell 的五代創新理論，企業的創新模式將從第一、二代的簡單線性模式、第三代的耦合模式、第四代的並行模式向第五代系統的一體化與廣泛的網路化模式逐步發展。傳統的線性管理模式局限於企業的技術拉動或市場需求拉動模式，即企業僅僅重視市場需要的和具備實現這種需要的技術手段，但目前技術創新面臨諸多複雜性，往往需要跨學科、跨地區的合作才能夠實現，

甚至那些大型企業也無法單獨行事。與傳統的線性管理模式不同的是，創新網路管理模式則側重於企業與其外部組織之間的資源交換與共享，異質資源的互補與共享，避免了資源的重複開發，比如，科研機構常常為企業輸出技術知識、前沿信息、研發骨幹和設備，而企業則專攻產品設計、工藝流程和市場推廣。這種協作過程有助於焦點企業從合作夥伴獲取和共享有價值的資源，提高合作運行效率，促使越來越多的企業打破了線性創新管理模式，轉向創新網路模式。

這種轉型始於 20 世紀 80 年代，特別是委託分包、供應鏈管理、虛擬組織、產業集群等網路化組織形式的出現，各種網路化組織形式深入發展，企業賴以生存的經濟社會環境發生極大變化，呈現出了多元化、網路化的發展趨勢。近年來，中國也出現了很多高新技術園區，多是由政府帶動或龍頭企業拉動，為高新技術企業構建企業創新網路提供了有利的外部條件。並且，搭建企業創新網路也是技術創新管理的內在需求。這說明在中國外部環境和內在需求形成的條件下，企業技術創新管理模式已發生相應的轉變。在此局勢下，高新技術企業要抓住贏得競爭優勢的機遇，單單依靠自然資源的壟斷或者從政府那裡獲取有限的資源，已不能更好地支撐其發展。為有效整合創新資源，企業與各種經濟、社會機構等利益相關者結成必要的網路，即競爭者、高等院校、政府、顧客等。在企業搭建的創新網路中，企業從創新夥伴那裡吸收到互補資源，從而轉化為自身所用，促進企業技術創新水平的提高。

在技術創新的外部推手——企業創新網路的影響下，企業之間競爭的壓力加劇了，但企業可利用的共生空間擴大了，企業獲得了知識互動的平臺。企業技術創新活動出現了類似於生物種群的新特徵，如行為共生化、過程網路化和主體多元化的特徵。由此，企業迫切需要找到一個新框架來解釋和探尋技術創新活動的新特徵和新問題。

1.1.3 共生行為是技術創新管理的內部黑箱

繼社會網路理論在技術創新領域得到應用以後，企業創新網路結構和關係特徵分析已得到諸多學者的論證，並逐漸成為經典的分析框架，但是現有實證研究的局限在於較多關注結構和關係特徵對技術創新的影響，或企業創新網路結構和關係特徵的影響因素方面。例如，Uzzi（1997）指出企業與合作夥伴間缺乏緊密的聯結，會導致信息傳遞不完整或在傳遞過程中損失，不利於組織間的有效溝通和處理衝突事件；反之，關係的緊密性會提高溝通效率，增進彼此信任，最終實現技術創新的成功。Schilling 和 Phelps（2007）在探究合作創新

網路對企業創新的研究中，通過實證研究得出：高聚集度和高聯結強度的創新網路比不具有這些網路特徵的創新網路更具有創新產出能力。國內學者池仁勇（2005）、韻江（2012）等也驗證了創新網路結構、關係對技術創新績效的影響。根據前人成果，可得到的主流觀點是：結構特徵、關係特徵與創新績效之間存在顯著正向關係，但現有文獻大多數側重於將企業創新網路作為解釋變量，將技術創新績效作為被解釋變量，對其影響機理討論較少。目前，部分學者已認識到研究的不足，並引入「網路能力」「獲取網路資源」「知識共享」「知識轉移」等作為仲介變量到企業創新網路關係特徵與技術創新績效之間，分析其內在作用機理，試圖打開這個黑箱。如，Ritter 等（1999，2002，2003）提出網路能力由任務執行和資格條件兩個維度構成。朱秀梅和費宇鵬（2010）利用初創企業的調研數據，實證檢驗了網路特徵對知識資源獲取、營運資源獲取以及企業績效提高的作用。竇紅賓和王正斌（2012）運用迴歸模型實證研究了顯性知識資源獲取和隱性知識資源獲取在中心度和聯結強度對成長績效影響中扮演完全仲介的作用。

然而，以上研究仍舊是鳳毛麟角，本研究試圖從共生視角來探析其中是否存在仲介效應。據觀察，從企業創新網路的傳統角度來分析企業技術創新管理，雖能較好地剖析技術創新過程中企業與合作夥伴之間的交流頻度、關係持久性、信任、滿意、承諾等問題，但卻很難判斷企業與合作夥伴之間潛在的合作方式、共享資源種類和數量、共享資源傳遞效率等究竟如何產生正向或負向影響。例如，企業與合作夥伴之間合作方式單一或多樣，共享資源單一或多樣，資源分配機制等會導致創新績效的提高還是降低。本書基於以上沒有解決的問題，試圖從共生行為的視角進行研究。

企業創新網路為企業搭建了一個知識互動、信息共享的平臺，但企業如何利用這個平臺也是一個重要影響因素。企業創新網路是一個複雜的系統，網路中各要素之間存在非線性的相互作用，在其作用過程中伴隨著隱性知識和顯性知識的傳遞、擴散和融合，企業利用共生行為可有效獲取和整合創新網路的資源。企業共生行為促進了知識擴散和知識創造，從而使得處於創新網路中的企業較其他企業具有更強的技術創新優勢。企業共生行為可發揮以下幾個方面的作用：首先，能夠快速感應，即具有環境變化的敏感性和主動性，以有效適應企業所處的外部環境，憑藉充分的互動得以提前採取應對措施；其次，能夠有效協調創新網路中各個主體、客體和環境之間的關係，維持物質流、信息流和能量流的傳遞，並與企業戰略目標相匹配；再次，快速有效地調動創新網路中的技術、市場等資源，並與企業內部資源產生互動，以盡可能小的交易成本和

盡可能高的資源整合效率來實現組織目標。

已有研究證明，創新網路已成為創新管理領域的焦點話題，是學者們未來研究的方向之一。在創新活動中，企業通過協作研發、技術標準合作等組成複雜網路系統，它包含著知識、信息的眾多交互作用，具有非線性、協同性和共進化性等特徵。而共生理論是一種具有系統性的模擬生態行為的理論和方法。它能夠從系統整體出發，在系統內部尋找相關影響因素。用共生理論來研究高新技術企業創新網路應當具有很好的適用性及發展趨勢預測性。

1.2 研究意義

1.2.1 理論意義

從理論意義上來看，本研究主要包括以下三個方面：

一是共生行為的維度探討與量表開發，為共生行為的量化研究奠定基礎。文獻梳理發現，共生行為的探討主要集中在理論研究層面，而實證研究屈指可數，且尚未提出相關測量量表。中國袁純清學者的研究成果以及國內外學者的相關實證研究成果為本研究展開共生行為的量化研究奠定了基礎。本研究根據共生理論的共生界面選擇原理和共生能量生成原理，提出了共生行為的兩個維度，即共生界面擴展和共生能量分配，並界定了共生行為的內涵與特徵，共生行為兩個維度的操作性定義。在此基礎上設計了測量題項，運用李克特5點量表進行測量。通過預調研和正式調查後發現，共生行為由三個維度所組成，即共生界面擴展、創新資源豐度和能量分配效率，為進一步量化研究奠定了基礎。

二是構建「NCP」分析框架，探討了企業創新網路與創新績效間的作用機理。隨著企業技術創新活動越來越具有網路化和生態化特徵，並基於企業創新網路理論、共生理論和技術創新管理理論等，本書引入了「共生行為」作為仲介變量，構建了「NCP」分析框架，即「企業創新網路—共生行為—技術創新績效」的理論研究模型，進一步拓展了「結構—行為—績效」分析工具，為挖掘企業技術創新的外部推手，打開企業技術創新的內部黑箱，提供了一套分析工具，為技術創新管理研究提供新的思路。

根據文獻資料與實地調研發現，企業創新網路主要可由六大因素組成：網路規模、網路異質性、網路開放度、關係強度、關係久度和關係質量。本書選擇了這六大因素中具有代表性的成熟測量量表進行測量。同時結合共生行為的

測量指標體系和技術創新績效的成熟測量量表，在此基礎上匯成了調研問卷。利用搜集到的 414 份有效問卷進行了實證分析，並論證了企業創新網路對創新績效影響機理以及共生行為的仲介效應，為企業挖掘出技術創新管理的關鍵要素。

三是提出技術創新管理策略，為技術創新管理研究提供新思路。在網路化組織大量湧現的時代，企業與外部組織建立的合作關係越來越廣泛，這種日益擴大和加深的關係網路不僅僅影響到企業組織方式，也影響到其競爭優勢，因此企業不得不重視其網路和共生行為。為此，本書從共生視角出發，試圖構建高新技術企業技術創新管理模式，意在從一個嶄新的視野來審視高新技術企業創新網路對創新績效的影響機理，基於共生行為提出了四種管理模式，為企業「藍海」戰略提供指導。並且，本研究從共生視角剖析了技術創新能力的結構性成長特徵，並基於該特徵構建了技術創新能力評價指標體系，分別針對農業科技企業和農業資源型企業提出了相應的可持續成長路徑，為中國企業技術創新戰略制定提供借鑑。

1.2.2 實踐意義

本研究站在共生的視角，剖析企業創新網路對技術創新績效的影響機理，驗證了共生行為在企業創新網路結構和關係特徵與技術創新績效之間的仲介作用，為中國企業經營管理者提供視角更為高遠的戰略分析框架和決策參考。並且，本研究開發了共生行為的測量體系，有利於企業經營管理者評價和管理共生行為。同時，基於共生行為分析了技術創新的結構性成長特徵，並在此基礎上，提出了技術創新能力評價體系，採用高新技術企業、農業科技企業、農業資源型企業為案例，分析了每種管理模式的不足之處並提出改進建議，為企業提供了一套切實可行的管理策略和提升路徑，有利於企業針對自身情況來提升技術創新管理水平。

1.3 研究目的、方法和技術路線

1.3.1 研究目的

在企業創新網路構建過程中，企業將面臨一些值得研究的重要問題：企業創新網路怎樣影響技術創新績效？企業創新網路會不會通過共生行為影響技術創新績效？在創新網路中，企業可能會出現哪些技術創新管理模式以及企業創

新網路對技術創新績效的影響機理是怎樣的？共生行為是否在它們之間起到仲介作用？根據共生行為的不同，企業又具有哪些技術創新管理模式？它們具有什麼優劣勢？……這一系列問題都現實地擺在企業經營者面前。結合相關研究成果和調查研究，本書實證檢驗了共生行為在企業創新網路與創新績效之間的仲介效應。

因而，運用企業創新網路、共生理論和技術創新管理理論，研究企業創新網路、共生行為與技術創新績效之間的影響機理，對於如何有效提高企業創新資源整合能力，為企業管理者提供切實有效的管理建議顯得尤為重要；另外，這對企業管理適應於網路化外部環境，順利開展技術創新活動，實現創新成功也具有較為重要的意義。針對這一具體問題，本書運用共生理論研究企業在企業創新網路中的共生行為內涵、特徵及其模式，構建了「網路—行為—績效」（NCP）分析框架，實證檢驗了企業創新網路對創新績效的影響機理，論證了共生行為在企業創新網路與創新績效間的仲介作用，為企業揭開影響創新績效的外部推手和內部黑箱。企業可以根據此量表來判定自身所處的位置，進行技術創新管理模式選擇，並根據相關成長路徑制定適合的對策，為企業揭開影響其技術創新績效的外部推手和內部黑箱。

1.3.2 研究方法

基於前人的研究，本書主要運用文獻研究法、問卷調查法、多元統計分析、結構方程建模方法等進行了研究。

文獻研究法。本研究有關企業創新網路、共生行為的界定，高新技術企業創新網路、共生行為和技術創新績效的測量，以及研究問題和具體假設的提出，都是建立在對國內外企業創新網路理論、共生理論和技術創新管理理論等相關文獻的整理和分析的基礎之上。其中，英文文獻的收集主要通過數據庫查詢的方法，查閱了 EBSCO、JSTOR、ABI/INFORM、OCLC 等重要英文期刊數據庫中的英文文獻資料，中文文獻的收集主要是利用四川大學圖書館查閱了中國知網數據庫中和本研究有關的學術期刊、博士論文、會議出版物、人大報刊複印資料、中文著作等中文文獻資料，此外，還從政府相關部門網站和滬深股市軟件上查閱了科技類板塊上市公司的相關資料，從而完成了對企業創新網路、共生行為和技術創新管理相關研究的梳理，為理論模型和研究假設的提出奠定了基礎。

問卷調查法。結合國內外相關研究進展和案例訪談結果，本研究主要採用了問卷調查法來搜集所需數據，主要包括高新技術企業創新網路的結構和關係

特徵的測量，共生行為的測量，技術創新績效的測量等，所有測量題項採用的是李克特5級測量指標進行測度。在完成問卷發放與回收工作後對問卷進行了編碼和處理。並且，問卷題項的設計主要根據國內外相關成熟量表，而共生行為量表是出於本研究需要自己開發的。

多元統計分析。本研究通過規範的問卷調查程序，運用統計分析軟件對調查所獲取的數據進行定量分析，主要是利用SPSS17.0統計分析軟件對數據進行項目鑒別力分析、探索性因子分析、單因素方差分析、獨立樣本T檢驗、相關分析和信度分析等，以驗證所提出的概念模型與假設是否成立。高新技術企業創新網路和企業共生行為測量指標及企業創新網路、共生行為與企業創新績效三者關係是本研究的主要內容。首先，本書對問卷測量題項進行探索性因子分析法（Exploratory Factor Analysis，EFA），在具體實施的過程中，採用主成分分析法（Principal Component Analysis，PCA）進行方差最大旋轉法（Varimax），在滿足統計信度和效度的前提下，最終提取了9個因子，其中企業創新網路有6個，包括網路規模、網路異質性、網路開放度、關係強度、關係久度、關係質量，而共生行為有3個，包括共生界面擴展、創新資源豐度和能量分配效率。其次，通過對測試項目的遴選、刪除以及合併，經過以上比較嚴格的數理統計過程，本書進一步明確了企業創新網路和企業共生行為的內涵和外延，並為下一步分析它們之間的影響路徑提供了依據。

結構方程建模方法。本研究運用Amos17.0軟件進行結構方程建模、驗證性因子分析、路徑分析等，以驗證所提出的概念模型與假設是否成立。本書構建了各個研究變量的測量模型，用於考察潛在變量與觀察變量之間的關係強度，也就是潛在變量對觀察變量的解釋力度。並且，本研究圍繞企業創新網路、共生行為與技術創新績效三者關係建立了多個結構方程模型，用於考察研究假設中各個潛在變量之間的關係。總之，運用結構方程作為本研究的分析方法主要是基於以下幾點考慮：①本研究的概念較為抽象，並且不止一個被解釋變量；②解釋變量和被解釋變量包含對測量誤差的衡量，而傳統的統計工具卻假定不存在測量誤差，這使得運用結構方程對變量之間數量關係的探討更為精確；③可以同時對包含測量模型的潛在變量即潛在變量之間的數量關係進行估計；④可以通過一系列模型的適配擬合指數，實現對理論模型的整體檢驗，驗證理論假設關係模型是否在經驗研究中被接受。

1.3.3 技術路線

本研究擬採用的技術路線如圖1-1所示。

```
┌─────────────────────────┐
│ 文獻研究：國內外研究動態 │
└────────────┬────────────┘
             ▼
      ┌─────────────┐
      │ 提出研究問題 │
      └──────┬──────┘
             ▼
┌ ─ ─ ─ ─ ─ ─ ─ ─ ─ ─ ─ ─ ─ ─ ┐
  理論研究模型與研究假設
│ ┌─────────────────────────┐ │ ┄┄▶ 文獻梳理，提煉創新網路構成要素。
    企業創新網路的構成要素分析
│ └─────────────────────────┘ │
  ┌─────────────────────────┐     通過理論梳理和實地調研，找出中
│ │ 企業創新網路與技術創新績效 │ │ ┄┄▶ 介變量：共生行爲。
    之間的仲介變量
│ └─────────────────────────┘ │
  ┌─────────────────────────┐
│ │ 企業創新網路與技術創新績效 │ │
    之間的理論模型和研究假設
│ └─────────────────────────┘ │
└ ─ ─ ─ ─ ─ ─ ─ ─ ─ ─ ─ ─ ─ ─ ┘
   修正│              ▼
┌ ─ ─ ─ ─ ─ ─ ─ ─ ─ ─ ─ ─ ─ ─ ┐
         實證研究                    結合文獻梳理、預調研分析和實地
│ ┌─────────────────────────┐ │ ┄┄▶ 訪談進行量表修訂，形成量表，發
    相關研究量表的設計與開發、           放問卷並整理數據。
│   進行問卷收集與整理          │
  └─────────────────────────┘     用SPSS和AMOS軟件將相關數據進
│ ┌─────────────────────────┐ │     行描述性統計分析、信效度分析、
    數據分析、假設檢驗          ┄┄▶ 探索性因子分析、驗證性因子分
│ └─────────────────────────┘ │     析、獨立樣本T檢驗、相關分析、
└ ─ ─ ─ ─ ─ ─ ─ ─ ─ ─ ─ ─ ─ ─ ┘     路徑分析等。
             ▼
         ◇理論與實際是否相符◇
             │是
             ▼                       根據實證研究結果，檢驗本書所有
      ┌─────────────┐                 研究假設，在此基礎上，採用案例
      │實證研究結果與討論│ ┄┄┄┄┄┄┄┄┄▶ 研究法，提出技術創新管理模式及
      └──────┬──────┘                 其策略。
             ▼
      ┌─────────────────┐
      │ 技術創新管理模式研究 │
      └────────┬────────┘
               ▼
      ┌─────────────────┐             運用問卷調查法、AHP法，構建技
      │技術創新能力成長特徵分析│ ┄┄┄▶ 術創新能力評價指標體系并進行實
      └────────┬────────┘             證分析。
               ▼
      ┌─────────────────┐
      │ 技術創新能力評價研究 │
      └────────┬────────┘
               ▼
      ┌─────────────┐                 總結本書主要研究結果及對未來研
      │ 研究結論與展望 │ ┄┄┄┄┄┄┄┄┄▶ 究的展望。
      └─────────────┘
```

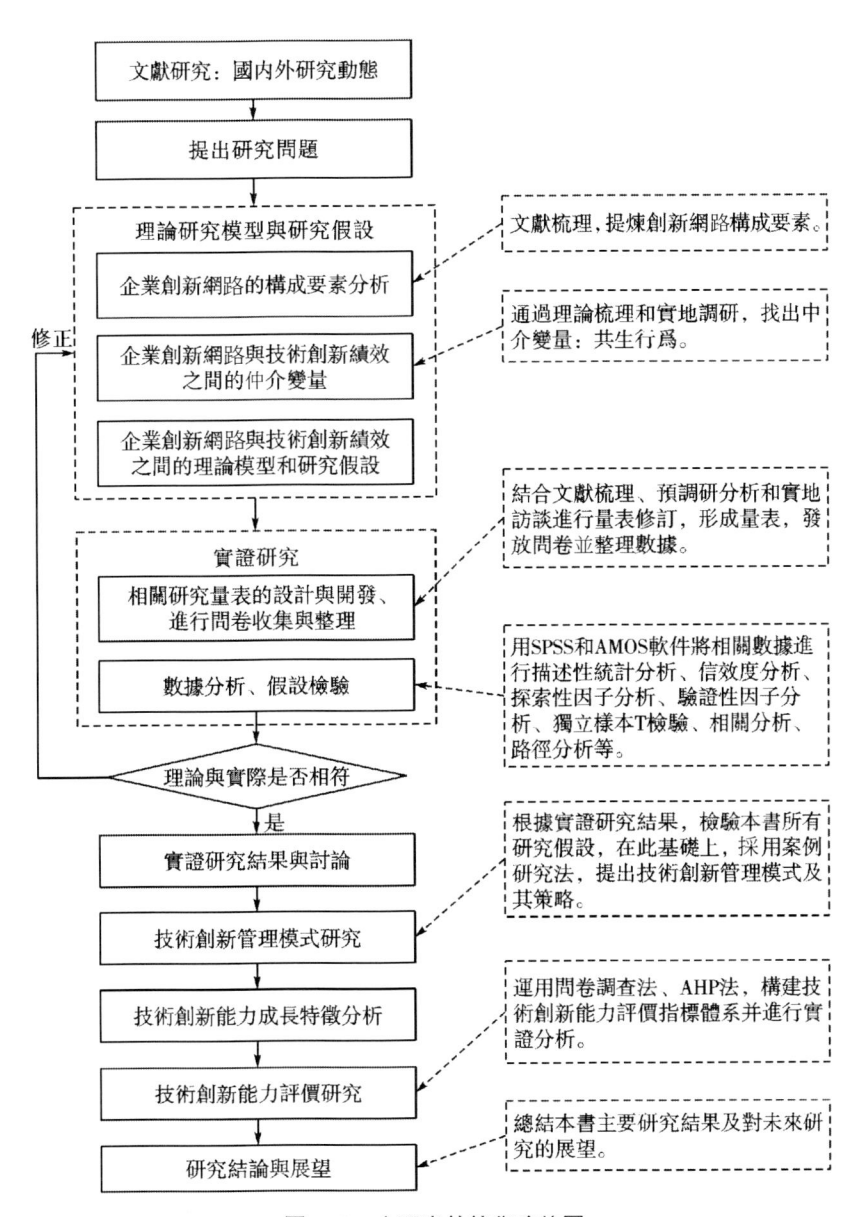

圖 1-1　本研究的技術路線圖

1.4　內容結構

本書共分為 11 章,具體安排如圖 1-2 所示。

第一章,緒論。本章主要介紹了研究背景、研究意義、研究方法及創新之處,闡述了為滿足網路化需求,技術創新管理正從傳統的線性管理模式過渡到新型管理模式,為適應新時代的變化和激烈的市場競爭,企業應該怎樣轉變思路應對創新活動。為解開這一疑問,本研究從以下幾個方面來著手:①企業創新網路是否會影響創新績效?②共生行為是否在兩者之間起到仲介作用?③在創新網路中,企業可能會出現哪些治理模式?④企業技術創新能力應如何提升?帶著以上研究疑問,本書提出了研究思路、理論模型及其相關假設,在此基礎上細化每個章節的主要內容,簡要闡述了具體對每一個問題的解決採用了哪些工具和方法。

第二章,文獻綜述。本章梳理了國內外相關文獻,並發現已有成果的不足和最新進展,並在此基礎上作出述評,具體包括:一是關於共生理論的梳理,以及相關概念的界定;二是對企業創新網路的界定、影響機理及治理的相關研究進行了梳理;三是對技術創新的界定、技術創新能力評價及技術創新管理模型的研究成果進行梳理。針對以上文獻研究的結果,總結已有研究成果及其不足之處,為本研究的難題找到解決思路,並發現本研究的價值和需要進一步努力的方向。

第三章,企業創新網路特徵分析。本章首先從創新夥伴的角度梳理了企業創新網路的作用和特點,然後分別分析企業創新網路的結構特徵與關係特徵,並結合文獻綜述結果,明確企業創新網路結構特徵與關係特徵的測量範圍和變量的操作性定義,這些分析結果為企業創新網路對技術創新績效的影響機理提供了相關理論基礎。

第四章,企業創新網路與技術創新績效的關係。企業創新網路對技術創新績效的影響機理是本研究的主要內容之一,本章根據「結構—關係」嵌入說,提煉出測度企業創新網路結構特徵的三個構成維度:網路規模、網路異質性和網路開放度,以及企業創新網路關係特徵的三個維度:關係強度、關係久度和關係質量,並分別從結構特徵和關係特徵的角度,分析了網路規模、網路異質性、網路開放度、關係強度、關係久度、關係質量對技術創新績效是否存在影響及產生影響的原因,為實證結果分析奠定了相關的理論解釋基礎。

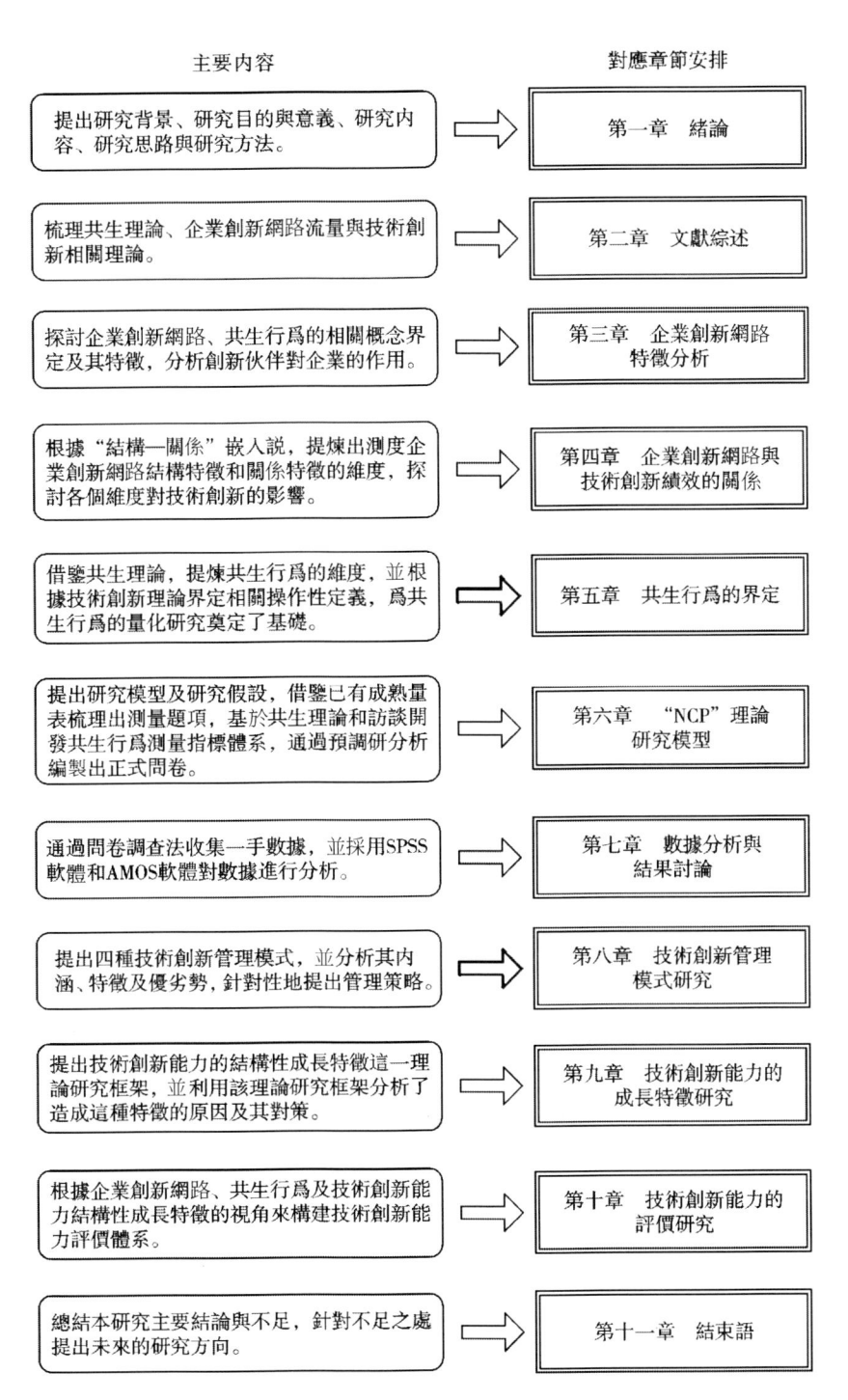

主要內容	對應章節安排
提出研究背景、研究目的與意義、研究內容、研究思路與研究方法。	第一章　緒論
梳理共生理論、企業創新網路流量與技術創新相關理論。	第二章　文獻綜述
探討企業創新網路、共生行為的相關概念界定及其特徵，分析創新伙伴對企業的作用。	第三章　企業創新網路特徵分析
根據"結構—關係"嵌入說，提煉出測度企業創新網路結構特徵和關係特徵的維度，探討各個維度對技術創新的影響。	第四章　企業創新網路與技術創新績效的關係
借鑒共生理論，提煉共生行為的維度，並根據技術創新理論界定相關操作性定義，為共生行為的量化研究奠定了基礎。	第五章　共生行為的界定
提出研究模型及研究假設，借鑒已有成熟量表梳理出測量題項，基於共生理論和訪談開發共生行為測量指標體系，通過預調研分析編製出正式問卷。	第六章　"NCP"理論研究模型
通過問卷調查法收集一手數據，並採用SPSS軟體和AMOS軟體對數據進行分析。	第七章　數據分析與結果討論
提出四種技術創新管理模式，並分析其內涵、特徵及優劣勢，針對性地提出管理策略。	第八章　技術創新管理模式研究
提出技術創新能力的結構性成長特徵這一理論研究框架，並利用該理論研究框架分析了造成這種特徵的原因及其對策。	第九章　技術創新能力的成長特徵研究
根據企業創新網路、共生行為及技術創新能力結構性成長特徵的視角來構建技術創新能力評價體系。	第十章　技術創新能力的評價研究
總結本研究主要結論與不足，針對不足之處提出未來的研究方向。	第十一章　結束語

圖 1-2　論文的結構安排

第五章，共生行為的界定。共生行為作為企業創新網路對技術創新績效影響的仲介變量，是本研究的重點和難點，值得詳細地進行剖析。本章借鑑共生理論，提煉出測度共生行為的兩個構成維度，即共生界面擴展和共生能量分配，並根據技術創新理論拓展了這兩個維度的內涵和外延，明確了共生行為的操作性定義，為共生行為的量化研究奠定了基礎。

第六章，「NCP」理論研究模型。本章的研究內容主要分為三個部分：首先，提出理論模型與研究假設。在企業創新網路系統中，企業創新網路特徵、企業共生行為以及企業創新績效存在著多維影響關係。本研究在傳統 SCP 模型的基礎上，結合企業創新網路理論、共生理論和技術創新管理理論等，構建了 SCP 擴展模型，即「企業創新網路—企業共生行為—企業創新績效」（NCP）研究模型及相關研究假設。其次，變量測量。在此基礎上，本研究對國內外學者開發編制的有關「企業創新網路結構特徵與關係特徵的問卷」進行了翻譯與整理，借鑑了原有的企業創新網路、技術創新績效測量量表，對有關共生行為的測量題項和訪談關鍵詞條進行了整理和分析，開發了共生行為測量指標體系，最終獲得了表 6-11 中的前 44 個題項，編制並發放了預調研的問卷。由於問卷設計是否合理將直接關係到搜集到的數據是否符合本研究的需要，影響研究質量，本章節運用 SPSS 進行了預調研分析，並結合相關專家學者和管理人員的訪談意見，對問卷的部分題項進行修正、補充和刪減，對問卷的部分題項進行語句修正。最後，通過預測試分析形成了本研究的正式問卷。

第七章，數據分析與結果討論。本章通過問卷調查方法收集有關高新技術企業對創新網路特徵、共生行為和技術創新績效等方面的第一手數據，以便對所收集到的數據進行定量分析。本書採用兩種分析工具來處理數據，首先運用統計分析軟件對數據進行描述性分析、可靠性分析、主成分分析、Pearson 相關係數分析等，並運用 AMOS17.0 統計分析軟件進行驗證性因子分析、路徑係數分析等，以驗證所提出的概念模型與研究假設是否成立。其次，對高新技術企業創新網路結構、網路關係和共生行為測評指標進行探索性因子分析（EFA），在具體實施的過程中，採用主成分分析法（PCA）進行方差最大旋轉（Varimax），在滿足統計信度和效度的前提下，分別提出了 3 個創新網路結構特徵因子、3 個創新網路關係特徵因子和 3 個共生行為因子，具體包括網路規模、網路異質性和網路開放度；關係強度、關係久度和關係質量；共生界面擴展、創新資源豐度和能量分配效率。最後在明晰變量維度的基礎上，本書採用結構方程建模方法，運用 AMOS17.0 構建了相關結構方程模型，對企業創新網路特徵和創新績效的影響路徑進行實證分析，明晰了影響因素間的關係及影

程度，探明共生行為在企業創新網路結構特徵、企業創新網路關係特徵對技術創新績效間的仲介作用，為後續章節設計企業技術創新管理模式提供了科學的理論依據和實證基礎。

第八章，技術創新管理模式研究。本章分析了傳統線性技術創新管理模式所存在的缺陷與不足。從傳統的技術創新管理模式分析角度，能夠觀察到企業擁有的創新夥伴數量、創新夥伴多樣性、與創新夥伴聯繫緊密程度等事實，但是卻很難判斷企業與創新夥伴之間潛在的合作方式、合作機制等問題。例如，該企業與合作夥伴之間合作方式單一或多樣，交流阻力大或小，共享資源單一或多樣，資源分配機制等。通過以上分析可以發現共生行為可以用來解釋企業面臨的這些問題，並可以彌補傳統技術創新管理模式的不足。為此，本章以高新技術企業為研究對象，運用共生理論為指導，從共生角度重新審視技術創新管理模式的內涵與特徵，並提出了四種技術創新管理模式：「依託型」「共棲型」「漁利型」及「協同型」。本章詳細剖析了四種技術創新管理模式的內涵與優劣勢，有利於幫助企業提煉出技術創新管理的關鍵要素，發掘自身的優劣勢。並且，本研究根據各種模式的優劣勢提出了相關管理策略，以期幫助高新技術企業提升技術創新管理水平。

第九章，技術創新能力的成長特徵研究。本章以農業科技型企業為研究對象，根據共生行為具備共生界面擴展和共生能量分配特性的研究結論，提出技術創新能力的結構性成長特徵這一理論研究框架，並利用該理論研究框架分析了造成這種特徵的原因及其對策。在此基礎上，以技術創新能力的結構性成長特徵為視角，展開理論分析，並得出結論：農業科技型企業為提高持續創新能力，應該走的路徑有兩種，一是先天具備科研實力的企業，側重發展共生界面擴展行為，實現「借船出海」，如科研轉制高新技術企業；二是先天具備市場轉化的企業，應側重發展共生能量分配行為，實現自主研發能力的提高，如多元投資主體的高新技術企業。本章結論將有益於農業科技型企業充分考慮其成長背景，並選擇適宜的技術創新能力可持續成長路徑。

第十章，技術創新能力的評價研究。當企業技術創新活動不再單單局限於企業內部，而是需要與外部組織發生聯繫，跨越單個組織邊界進行創新資源的有效傳遞和整合時，獲取技術創新績效的關鍵因素不再取決於某一個方面，而是多個因素的綜合表現。因此，本章以西部農業資源型企業為研究對象，根據企業創新網路、共生行為及技術創新能力結構性成長特徵的視角來構建技術創新能力評價體系，利用 AHP 法將自主研發能力、外源技術協同能力和成果轉化能力單獨、綜合地進行計算和分析，避免片面、孤立地研究企業技術創新能

力。研究結果表明，農業資源型企業的技術創新能力具有差異性，據此現實中存在三種類型農業資源型企業，即競爭優勢型、單腿走路型和競爭劣勢型，為西部農業資源型企業創新管理活動提供參考。

第十一章，結束語。本章總結了研究的結論，指出了研究的局限性，並對未來的研究進行了展望。

1.5 創新之處

第一，基於共生理論，界定了共生行為內涵與外延，開發了共生行為測量指標。首先，本研究邏輯的難點是首先要界定共生行為的操作性定義問題。本書依據共生理論，通過探索性因子與驗證性因子分析發現企業共生行為可分為三個維度，即共生界面擴展、創新資源豐度和能量分配效率，並從技術創新角度拓展了企業共生行為三個維度的操作性定義，為共生行為的量化研究奠定基礎。其次，在探討各變量之間的影響路徑之前，要先解決研究工具問題。雖然共生行為是一個早就熟悉的概念，其概念被多次借鑑來分析經濟管理領域的問題，但尚未出現可借鑑的測量手段。這使得本研究不得不開發共生行為的量表。本研究主要採用文獻研究、案例整理與專家討論的方式，基於共生原理提出了共生行為的兩個維度，即共生界面擴展和共生能量分配，並從這兩個維度出發設計了具有普適性、科學性和可操作性的共生行為測量指標。正式問卷形成後，採用探索性因子和驗證性因子分析發現共生行為是由三個維度（而非兩個維度）所組成，即共生界面擴展、創新資源豐度和能量分配效率。為了避免有效數據的損失，保證各個維度對共生行為的解釋力，並且競爭性測量模型分析結果表明三因子模型比單因子模型和兩因子模型具有更好的擬合效果，故本書選擇了三個維度作為共生行為的測量指標體系，拋棄了之前「共生行為由兩個維度構成」的假想。在問卷開發過程中，嚴格遵守問卷開發程序，並反覆詢問專家意見和被調查者建議，問卷回收後採用了統計分析方法來刪減變量，最後的結果表明：開發的共生行為量表具有較為理想的信效度，在信度方面，題項的內在一致性具有相當高的程度；在效度方面，具有較為理想的結構效度，同時通過專家討論和被調查者提意見來保證了量表的內容效度。

第二，構建了「企業創新網路—企業共生行為—企業創新績效」（NCP）理論研究模型，並實證檢驗。本書將共生行為引入為仲介變量，分析了企業創新網路對創新績效的影響機理，是一個新的研究方向，本書提出 NCP 研究模

型，試圖超越傳統技術創新管理工具，並成為企業步入網路經濟環境中的有效管理工具，從操作層面為企業提供「分析—制定—實施」的指導。本書依據理論研究模型提出研究假設，運用結構方程實證檢驗了共生行為在企業創新網路與創新績效之間的仲介作用，為高新技術企業提供相應的管理對策和建議。

本研究依據企業創新網路理論，將企業創新網路特徵分為兩大部分，即企業創新網路結構特徵與企業創新網路關係特徵，其中網路規模、網路異質性和網路開放度隸屬於企業創新網路結構特徵，而關係強度、關係久度和關係質量隸屬於企業創新網路關係特徵。在上述分析基礎上，本書提出相關研究假設，建立研究模型，具體展開了如下分析：

（1）分析企業創新網路特徵對技術創新績效的影響；
（2）分析企業創新網路特徵對共生行為的影響；
（3）分析共生行為對技術創新績效的影響；
（4）分析共生行為在企業創新網路特徵與技術創新績效之間的仲介作用。

第三，探析了「依託型」「共栖型」「漁利型」及「協同型」四種類型的企業技術創新管理模式及其管理策略。本研究依據實證研究和案例梳理的結果，歸納出了高新技術企業的四種技術創新管理模式，即「依託型」「共栖型」「漁利型」及「協同型」，每種模式具備各自的特點，以便幫助企業提煉出管理的關鍵要素和發揮出自身的優勢，彌補自身的不足之處，並且，本研究根據各種模式的優劣勢提出了相關管理策略，以期幫助企業提升技術創新管理水平。

2 文獻綜述

2.1 共生相關研究綜述

企業創新網路是在技術創新活動中的企業或個人之間所聯繫而形成的一種關係網路。在外界環境變得日益複雜的情況下，技術創新活動是相互影響的，企業已不能單獨完成創新項目，而需要與外部組織發生聯繫以便獲取各種創新資源。在企業為自身所編織的創新網路中，企業往往通過網路化、業務模塊化等組織形式來實現知識、技術等創新資源的有效傳遞和整合，這種跨越單個組織邊界的、企業間協同的技術創新活動是幫助企業取得競爭優勢的關鍵。唯有如此，企業才能吸引更多的網路外部成員加入，創造更大的企業價值，促進創新網路的演化，提高企業創新績效。這種企業間協同行為可以被理解為是共生行為，因為它不僅具有合作特性，還具有生態特性，如蝴蝶效應或疊加效應等，借助這一概念來討論企業創新活動中的行為更便於跨學科的對話。因此，為厘清這些因素間的邏輯聯繫，本書從企業創新網路理論、共生理論、技術創新管理理論進行梳理和綜述，以此進一步明確本書邏輯起點和研究思路。

共生理論是從生態學發展而來的，從提出之後便受到學者們的高度關注和推廣，近年來被用於解釋社會及企業經營管理中的各種現象。

2.1.1 共生的概念與本質

共生（symbiosis）的概念由德國生物學家德貝里（Anton Debarry, 1879）提出，在布克納（Prototaxis, 1886—1969）和範明特（Famintsim, 1835—1918）等人的深入研究中得到進一步豐富。他們認為共生就是不同生物體之間發生相互依存，相互演化的關係。100多年以來，學者們對自然生態系統中的共生行為研究已經形成較為成熟的體系，該研究被理論界和實踐者用於組織生

態學、創新管理等領域中指導我們發現問題和解決問題。在自然生態系統中，種群之間存在著競爭、捕食、共生和寄生的關係，這種共生關係也同樣存在於商業生態系統中，與系統共同演化和發展。

實際上，「共生」概念的起源可以追溯到德貝里在 1879 年的定義，他認為在自然生態系統中存在不同生物，這些生物之間不僅僅存在競爭與捕食的關係，也存在著相互聯結，甚至會聯結成為一個共生體，一起生存和發展。在他後續研究中分析了共生與競爭、捕食等生態行為的區別。

柯勒瑞（Ceaullery，1952）和劉威斯（Leweils，1973）在德貝里的研究基礎上，深入分析了共生的形成和作用機理，提出了互惠共生等多種共生關係，界定其內涵與外延，有助於完善共生理論的研究。他們進一步指出共生現象不僅僅存在於自然生態系統，也存在於人際交往之間或商業合作關係中。自此人們逐漸深化了共生的相關概念，並擴展了其在各個領域的應用範圍。共生研究的深化為人們認識生物進化提供了新的觀點，開闢了新的認識通道。

1994 年德國的保羅·布克納（Prototaxis）對同物種之間共生的內在聯繫進行了深入研究，界定了「內共生」的概念，並認為「動物和植物微生物（細菌）間的內共生代表了一種曾是補充性的但廣泛的機制，它能以多種方式提高宿主動物的存活可能性」。內共生的提出是共生研究在生物進化理論上邁出的又一重要步伐。

生物學家斯科特（Scott）在 1998 年重新界定了共生的概念，他認為共生是指自然生態系統中的生物間為了適應生存環境變化而形成共同體，最終表現為一種穩定的關係。他致力於研究共生雙方的物質聯繫，並認為共生關係是生物體生命週期的永恆特徵。

在生態學領域的研究成果中出現兩種觀點的分化，第一種觀點是認為共生、捕食、競爭和寄生是完全不同的概念，用於解釋兩種以上生物間不同的依存關係，第二種觀點是認為寄生是屬於共生關係的一種，應該歸於共生學的研究領域之中，此後學者們也逐漸接受了這種觀點。而 Stephen 等（2003）通過研究自然生態系統，劃分了生物間共生的類型，比如共栖、寄生等，便於日後對不同類型的共生模式進行更加深入的研究。

2.1.2 共生理論的概念及基本原理

中國學者袁純清在 1998 年提出了共生理論，並對其概念、原理以及如何應用於小型經濟進行了深入探討，為社會商業活動中共生行為、共生關係的研究奠定了理論基礎。他認為共生關係不僅僅是存在於自然生態系統中的，也存

在於商業活動之中，並且可以借鑑跨學科相結合的辦法來進行研究。他運用共生理論研究小型經濟，在界定共生內涵與外延的基礎上，提出了共生的三大要素，包括共生單元、共生模式和共生環境，並且指出在任何一個共生關係中都可以採用共生能量分配、共生界面選擇等原理進行分析。共生單元是一組共生關係中用於交換能量和傳遞資源的基本主體，沒有共生單元就談不上共生關係。共生單元是構成企業共生關係的基本要素，對共生單元的外延可從兩個方面來描述：一是共生單元的內部特徵，二是共生單元的外部特徵。因此，從內部與外部角度來看，共生單元所表現出來的特性也是不同的，其中內部表現的是一種本質的、核心的特性，決定了事物發展的方向，稱之為質參量；而外部表現的是一種數量和形態的變化，被稱作象參量。例如，企業創新網路可以看作是由焦點企業、供應商、客戶、科研機構、政府部門等共生單元所組成的一個共生體，他們的專業技術能力和相關成果可以看作是其質參量（袁純清，1998）。核心技術的不同會導致企業競爭優勢不同，直接影響企業績效，核心技術的改變將導致企業內在性質和發展方面發生轉變，而象參量改變僅僅是企業外在形態不同和數量累積的增減，並不會引起根本性的轉變。在由生產工人、技術人員、營銷人員和管理人員組成的共生體系中，他們的出生年月、胖瘦高低、相貌氣質等可以被看作是各自的象參量。質參量的變化一般決定或引起象參量的變化，所以企業的生存與發展真正受到其核心技術或者核心能力的影響，較少受到產品包裝、員工數量等外部特徵的影響，但值得注意的是當外部特徵累積到一定程度的時候就會引起內在屬性的改變，從而關係到企業的生存和發展問題。具體到每一個共生體中，共生單元的性質和特徵是不同的，所以需要注意的問題也會不一樣。

為了進一步分析共生單元之間的物質傳遞、能量轉移和信息交換行為，袁純清在界定了共生三大要素的基礎上提出了共生原理，用於解釋共生行為的本質屬性，不同的行為就會導致不同的共生關係，最終促進了個體的相互依存和共同演化。本書主要闡述與本研究相關的共生能量生成原理和共生界面選擇原理。

（1）共生能量生成原理

兩種生物間發生聯結後就會傳遞、產生能量，這是共生行為的內在需求。共生能量（E_δ）為共生單元提供了價值增殖，是影響共生系統發展和演化的重要因素，它在共生界面上不斷流動、增加和損失，如果增加的能量大於損失的能量就會促進整個共生關係向持續良好的階段發展。

設共生系統 S 存在質參量 Z_s，且有 m（$m \geq 2$）個共生單元，同時存在 $Z_s =$

$f(Z_1, Z_2, \cdots, Z_i, \cdots, Z_m)$，則系統全要素共生度 δ_s 為：

$$\delta_s = \frac{1}{\lambda} \sum_i^m \delta_{si}$$

共生能量（E_s）的增加和損失主要是由共生度 δ_s 所決定的，因為共生能量的產生必須具備的條件是 $\delta_s > 0$，即 $E_s = f(\delta_s, \rho_s, \eta_s)$ 或 $\delta_s^m = \sum_{i=1}^m \delta_{si}$。$\eta_s$ 為系統共生維度，δ_{si} 為單要素共生度。這說明共生度越大，共生密度越高，企業彼此間所獲得的共生能量增殖就越多，所以企業應當註重維持良好的關係質量，保持緊密的關係聯結，以便促進共生能量生成，實現更大範圍內的價值共享與創造，達到多種要素的不同組合模式，為滿足市場需求提供更多的選擇機會。

共生能量生成原理為我們解釋了共生關係持續發展的基本動力和前提條件，告訴我們：要使共生系統獲得更快的增殖和發展，需要保證共生單元之間進行充分豐富的能量傳遞，利用資源交換來共享、創造新能量或價值，從而實現自身和系統的增殖、發展。

（2）共生界面選擇原理

在共生關係中，雖然共生能量增殖可以為企業提供持續發展的動力，是共生關係穩定的前提，但是共生界面卻是共生能量生成和增殖的保障。共生界面越通暢，共生能量傳遞中的損耗越小，增殖空間就越大。各種相互作用最終都要通過共生界面上的能量流動才能表現出來。以此為保障，企業間的合作交流會更加高效，能夠促進知識和信息的有效流動，這也會影響合作關係的穩定性和融合性。共生界面是共生單元之間相互作用的物質或精神的媒介，也就是個體之間進行資源交流的渠道和載體，直接關係到共生關係的穩定和資源流動的效率。它是由不同共生介質構成的，各種共生介質所扮演的角色和發揮的作用都是不一樣的，特別是某些介質之間會產生排斥，但某些介質之間又是相互彌補、相互促進的。共生界面主要有三個參數，即共生界面特徵參數 λ，$\lambda \in [0, +\infty]$；共生界面能量使用選擇系數 β，$\beta \in [0, +\infty]$；共生界面非對稱分配因子 α，$\alpha \in [0, 1]$。λ 表示共生界面上的資源在單位時間內的流動速度，β 表示共生界面的擴展屬性，而 α 表示的是共生界面的分配屬性。結合以上特點來看，共生界面分析的目的在於利用各個參數來測量合作關係情況，比較各種情況的差異，並明確影響企業間合作關係的效率、發展和分配等關鍵要素，掌握共生關係的發展方向，為企業處理合作關係網路具有重要指導意義。

共生界面選擇原理告訴我們：可被視為共生單元的企業，在企業創新網路化背景下，要處理好與創新夥伴之間的關係，不得不關注關係的穩定性、融合

性、效率性等問題，而這些在一定程度上取決於共生行為，即共生界面擴展和共生能量分配。如果要改進共生界面，核心在於減少界面阻力，提高界面作用的效率。如果要提高能力分配效率最主要在於建立合理分配機制，利用多種共生介質等方式。

2.1.3 共生模式

1998年，國內學者袁純清運用共生理論（Intergrowth Theory）研究小型經濟，首次將共生理論向經濟學領域擴展，創建了一些新的概念工具方法，並形成一套較為成熟的共生理論。其中，共生能量生成原理、共生界面選擇原理等構成了共生理論分析的邏輯起點，並成為企業共生行為模式和共生組織模式的判別依據，利用這些原理也可以分析商業經濟活動。他認為，共生理論分析的基本邏輯是從共生單元來判別共生能量分配和質參量互補，從而建立彼此間的共生關係。所以共生行為模式就是根據共生能量分配來進行判斷（袁純清，1998）。按照不同的能量分配，共生行為模式可被劃分成四種不同形式，每種形式具有其各自的特點，但是相互間又有聯繫（見表2-1）。此後，國內學者註重於將共生理論向經濟管理學領域擴展。據國內外現有文獻來看，有關共生行為模式的探討主要涉及兩個方面，即產業共生行為模式與企業共生行為模式。本書主要梳理企業共生行為模式的相關文獻，暫不討論產業共生行為模式。

表2-1 不同共生模式的特徵

	寄生	偏利共生	非對稱互惠共生	對稱互惠共生
共生單元特徵	1. 共生單元在形態上存在明顯差別 2. 同類單元接近度較高 3. 異類單元存在雙向關聯	1. 共生單元形態方差較大 2. 同類單元親近度較高 3. 異類單元存在雙向關聯	1. 共生單元形態方差較小 2. 同類共生單元親近度存在明顯差異 3. 異類單元之間存在雙向關聯	1. 共生單元形態方差接近於零 2. 同類共生單元親近度接近或相同 3. 異類單元之間存在雙向關聯
共生能量特徵	1. 不產生新能量 2. 存在寄主向寄生者能量的轉移	1. 產生新能量 2. 一方全部獲取新能量，不存在新能量的廣譜分配	1. 產生新能量 2. 存在新能量的廣譜分配 3. 廣譜分配按非對稱機制進行	1. 產生新能量 2. 存在新能量的廣譜分配 3. 廣譜分配按對稱機制進行

表2-1(續)

	寄生	偏利共生	非對稱互惠共生	對稱互惠共生
共生作用特徵	1. 寄生關係不一定對寄主有害 2. 存在寄主與寄生者的雙向單邊交流機制 3. 有利於寄生者的進化，不利於寄主的進化	1. 對一方有利而對另一方無利 2. 存在雙邊交流 3. 有利於獲利方進行創新，對非獲利方進化無補償機制時不利	1. 存在廣譜的進化作用 2. 不僅存在雙向雙邊交流，而且存在多邊交流 3. 由於分析機制的不對稱，導致進化的非同步性	1. 存在廣譜的進化作用 2. 既存在雙邊交流機制，又存在多邊交流機制 3. 共進化單元具有同步性
互動關係特徵	主動—被動	隨動—被動	主動—隨動	主動—主動

繼袁純清以後，諸多學者對共生理論進行了豐富，並借鑑共生理論分析企業經濟運行的問題。吳飛馳（2002）率先採用共生理論來界定企業性質，擴展了共生理論的應用範圍，為管理者提供了一個新的企業共生管理思路。類似地，趙紅等（2004）以生態智慧型企業共生體為研究對象，闡述了生態智慧型企業共生體的四種行為方式及其相互關係。楊毅（2003）闡述了共生性企業集群的內涵，並在此基礎上進行分類，以便分別探討每種類型的特點和運作機理。李煥榮（2007）討論了共生理論的適用性並將其導入戰略網路演化過程之中，認為個體之間的共生度也是決定系統演化的動力。程大濤（2003）將生態學的觀點運用於企業集群中，認為這是一種共生系統，具有相互依存，共同演化的特性。蔣軍鋒（2010）利用共生理論解釋了創新網路的擴張和核心企業發展壯大的原因，揭示了共生關係在不同階段中的轉變以及應該採取的措施。生延超（2008）針對技術聯盟中企業間共生關係，分析了這些關係的形成過程，並提出保持聯盟穩定性的對策和建議。徐彬（2010）剖析了科技型企業技術創新成果轉化的問題，並利用共生理論和案例研究提出了相關管理策略。陶永宏（2005）運用共生理論分析了中國長三角船舶產業集群的結構、行為模式及其演化機理。陳鳳先和夏訓峰（2007）指出共生理論適用於分析產業集群，並界定了產業共生的概念，分析其形成原因及其分類。程躍等（2009）認為企業自身能力在日益複雜外部環境變動下，會受到新興技術的影響而發生改變，這兩者是相互依存、共同進化的共生關係，企業需要提高自身能力以適應和管理新興技術。黃芳倩和莫山農（2012）認為面臨「藍海戰略」盛行的時代，有實力的企業會考慮通過建立技術聯盟來獲取競爭優勢，為此關鍵合作夥伴的選擇成為聯盟發展的重要問題。作者利用共生理論分析了怎樣選

擇合適的夥伴。胡浩（2011）認為，創新極之間的共生模式是指創新極相互作用的方式或合作形式，既反映了創新極之間的能量、知識、資源的交換行為，也代表著一種共同演化的過程，從不同角度來看，創新極的共生模式具有多種分法。比如，從內涵的角度來看，創新極共生模式可被劃分為「協同共生」「競爭共生」和「獨立共存」三種模式。從共生能量與利益關係的角度來看，可被劃分為「寄生」「互利共生」和「偏利共生」三種模式。互利共生關係產生的新能量會向個體流動和分配，這種分配是多邊而非單邊的，是又有溢出又有吸收而非單方面的溢出或吸收，所以在共生單元之間的分配均勻與否，可以區分共生行為模式的不同。

2.1.4 共生理論在技術創新研究領域的應用

共生理論源於生物學概念。20世紀中葉以後，共生理論分析方法開始得到國內外學者的廣泛推崇，並在企業管理實踐中盛行。其概念、原理及方法論已經應用於生態平衡、農業生產、工業應用，甚至技術創新管理等研究領域，並取得豐富研究成果，為技術創新研究提供了一種新視角、新理論和新方法。國內外學者已將共生理論應用於技術創新領域，並取得一定成果，主要涉及技術創新管理、技術擴散、區域創新系統構建，等等。本書主要梳理共生理論應用於技術創新管理領域的相關文獻，而應用於技術擴散和區域創新系統等領域的文獻暫不探討。

Ehrenfeld（2004）認為共生體現在企業經濟活動中的方方面面，既表現在市場上的契約交易行為，又出現在創新活動、信息交換和資源互補等行為上。Murat Mirata 和 Tareq Emtairah（2005）認為工業共生網路（簡稱 IS）對促進地方或區域的產業集群創新具有潛在貢獻，並基於有關創新研究和創新空間接近的現有研究成果，提煉出了創新活動過程和 IS 網路影響的三個因素。生延超（2008）針對技術聯盟中企業間的共生關係，分析了這些關係的形成過程，認為在激烈的市場競爭中，企業不僅僅應該關注自身能力的提高，還應該通過建立技術聯盟來獲取競爭優勢和新興技術，因此提出了保持聯盟穩定性的對策和建議。黃芳倩和莫山農（2012）認為面臨「藍海戰略」盛行的時代，有實力的企業會考慮通過建立技術聯盟來獲取競爭優勢，為此關鍵合作夥伴的選擇成為聯盟發展的重要問題。作者利用共生理論分析了怎樣選擇合適的夥伴。張志明、曹鈺（2009）運用共生理論分析集群企業共生創新的路徑：以企業共生體的深入分工累積創新知識源；以多重共生介質實現共生企業間充分的物質、信息和能量的交流合作；以支配共生介質使企業共生創新走上快速創新軌道。

薛偉賢和張娟（2010）以高新技術企業為研究對象，認為技術聯盟有利於企業間知識與信息的交換，企業在選擇合作夥伴時應該注意資源互補性和夥伴多樣化等問題，並與企業發展戰略相一致，才能促進技術聯盟的穩定持續發展。徐彬（2010）運用共生理論探析了中小型科技企業的共生單元、共生環境、共生界面，並構建了以技術資源要素的移動和重新配置為主要內容而進行的技術創新管理的共生機制及基本模式。

2.1.5 研究述評

近幾十年來，共生理論已拓展到社會與經濟學領域，最早在經濟學領域的應用是工業共生理論的提出，即不同產業之間通過物質、能源和知識交換、傳遞形成了長期而穩定的合作關係，實現了經濟效益和環境效益。隨後，共生理論的應用擴展到企業集群、金融領域等微觀企業主體上。比如，何自力和徐學軍（2006）基於共生理論，構思了銀企共生界面的參數與分析框架。楊毅和趙紅（2003）將「共生」的觀點導入企業集群，提出共生性企業集群概念及其組織結構設計。經過諸多學者的論證表明，共生理論及其基本原理對企業經濟活動的分析具有適用性，特別是企業社會網路化活動的增強，促使企業之間的競爭與合作關係更加複雜，難以運用以往的理論加以解釋，運用共生理論來解釋企業在網路化活動中發生的關係行為，具有一定的解釋力。

但是從現有文獻來看，目前共生理論尚未完善，其應用於經濟管理領域的方法論還有待提高，學者們對於共生理論相關概念、原理和方法仍舊存在許多爭論的地方，常常是從不同的學科角度上加以解釋和運用。這對於共生理論的拓展和豐富具有深遠意義，但也說明了共生理論尚存在很多值得發展的空間。比如，現有研究多數是定性研究，而定量研究屈指可數。並且，現有研究多針對共生、共生理論的界定以及共生模式的分類，較少研究共生行為的測量指標。通過文獻梳理表明，對共生行為的量化研究將是共生理論未來研究的一個趨勢，未來研究首先要側重於運用數量化的指標來判別共生關係；其次，需要深入到企業間物質、能量和信息傳輸的過程之中來探討共生行為模式和共生組織模式；最後，運用共生理論分析企業技術創新管理模式及其成長路徑的研究尚有待完善。

2.2 企業創新網路相關研究綜述

20世紀90年代以來，由於網路化進程加快，各種技術呈現出日新月異的改變，企業不得不緊緊跟上新興技術的步伐。這單單依靠自身實力是無法完成的，必須依靠外部資源整合，加強與外部組織的聯繫，因此，企業創新網路的提出和迅速推廣應運而生。關於企業創新網路的概念、聯結機制、治理與演化等問題，以及結構嵌入性理論和關係嵌入性理論的研究，也成為熱點。本節主要梳理和綜述了與本研究內容相關的觀點和結論，包括企業創新網路的界定、分類、結構嵌入性理論和關係嵌入性理論及其影響後果的研究。

2.2.1 企業創新網路的界定與分類

2.2.1.1 企業創新網路的界定

早在1991年弗里曼（Freeman）發表了一篇關於「創新者網路」（networks of innovators）的文章，引起了學術界的轟動，他在文章中指出創新網路是指為了適應新時代下的創新組織形式，以實現技術創新成果或提高技術創新水平為目的，企業間發生的所有合作交流關係的總和。根據此定義，弗里曼將企業創新網路進行了劃分，主要分為契約型網路、共建實體或虛擬組織等幾種類型的網路組織形式。從他的研究成果表明了企業自身是位於創新網路的中心，稱為焦點企業，與其他網路成員之間由於知識、價值聯結而形成一張無形的關係網，其中既有利益訴求也有利益衝突。可見，企業搭建創新網路的目的在於提高技術創新績效，如果處理好與各種利益相關者之間的關係，網路成員間會產生信任感，有利於知識、信息等創新資源在網路內的流動，也就會促進創新網路的良性發展；反之，如果企業僅僅關注搭建創新網路而不維護，網路成員間的合作關係逐漸惡化為不信任、不滿意的關係，就會產生知識滯留、知識洩露等問題，必定導致創新網路的崩潰。

Bresson和Amesse（1991）認為，企業創新網路是一種新型的組織形式，由於社會分工和信息技術的出現，行為主體之間的相互依賴和聯繫越來越顯得重要和便於實現，這些聯結交織在一起形成了一張無形的網路，就是企業創新網路。不同的節點由不同的網路成員所占據，而企業則位於網路的中心。企業要注意搜集網路中流動的信息、知識和其他資源等，並加以有效整合，在整個過程中會促成價值的共享與創造。可見，參與到網路中的主體應具有不同的資

源、能力，這是網路形成的前提條件。

　　Estades 和 Ramani（1998）通過實證調研的結果表明，企業創新網路具有靈活、柔性的屬性，對外界環境變化具有比企業組織更強的適應能力和競爭能力。其包括幾種不同類型的網路，如政府網路、產學研網路、專業網路等。這些網路對企業技術創新活動起到了不同程度的作用，比如產學研網路由企業、科研機構和高等院校所組成，有利於企業利用外源技術來共同開發新產品、共享技術創新成果、提高技術創新水平；而專業網路主要是由同行競爭者所構成，目的在於獲取行業新信息和新技術，分攤開發費用，共同推動行業技術發展，制定行業技術標準等。

　　蓋文啓、王緝慈（1999）從區域創新的角度，界定了企業創新網路的內涵，他們認為，與企業發生合作關係，產生信息、知識交流的外部組織使企業創新網路成員之間逐漸形成了相互依賴的關係，而且它們往往採用實體聯結、虛擬組織和契約聯結等組織形式。

　　王大洲（2001，2005，2006）發表了幾篇關於企業創新網路的重要文獻，在其中一篇文獻綜述中指出，企業創新網路是企業創新夥伴自發的一種制度安排，是為響應組織對技術創新的需求而發生的關係聯結。參與創新網路的行為主體通過交互作用促進了新產品的開發與推廣，它與「合作創新」的不同之處是，企業創新網路是一種制度安排，是一個開放而不斷演化的互動體系；而合作創新是一種合作行為，並沒有演化階段，兩者的觀察視角不同，採用的分析方法也不同。企業創新網路是企業所有創新合作關係的綜合，合作關係是網路的構成要素，而非網路本身；網路概念正在經濟、管理、社會學科得到廣泛運用，使用這一概念便於跨學科對話；商業經濟正表現出網路特性，使用網路概念來研究企業技術創新具有實踐意義。

　　霍雲福（2002）認為，企業創新網路是參與創新的行為者之間通過交互作用而形成的一系列關係組合。它可以用來解釋企業技術創新活動中與利益相關者之間的合作關係，信息和知識等創新資源的共享和創造過程，並有利於分析企業與網路成員間共同發展和演化過程。由於網路成員資源和能力的交疊，成員之間通過優勢互補，共擔創新風險和費用，快速地向市場推出技術創新成果，會使網路創新能力往往大於個體創新能力之和，是解決激烈市場競爭中有關技術創新問題的一個重要組織形式。

　　張偉峰、楊選留（2003）認為創新網路是一種適應知識經濟社會和技術創新的新型創新模式。它作為相關企業知識交互作用的創新平臺，為企業應對複雜的技術創新提供了條件。他們探討了創新網路的交互作用特性，為中國創

新網路的構建提供了建議。

張偉峰、萬威武（2004）把創新網路的概念界定為所有創新活動中與其他組織聯結成的關係總和，包括正式與非正式的關係。這種虛擬的知識共享與交流平臺，主要作用在於提高現有產品性能，開發和設計新產品或新服務，具有共同進化、扁平性和異質性等特點。

彭光順（2010）指出，所謂的企業創新網路是應付系統性創新的一種基本制度安排，所有與技術創新活動密切相關的外部組織都是企業創新網路的成員，他們與企業建立著直接或間接以及正式或非正式的互利互惠關係。

陳新躍等（2002）對企業創新網路的概念進行了界定，分析了合作夥伴選擇中存在的問題，並提出了對策建議。

表 2-2　　　　　　　　　關於創新網路內涵的匯總表

學者	觀點
Freeman（1991）	創新網路是為了適應新時代下的創新組織形式，以實現技術創新成果或提高技術創新水平為目的，企業間發生的所有合作交流關係的總和。
De Bresson, Amesse（1991）	創新網路就是組織間網路，但一般地，人們把網路描述為結點的連接，不同創新主體占據結點而且相互之間形成一定的聯繫。
蓋文啓、王緝慈（1999）	合作夥伴與企業一起開發新技術，完成創新成果轉化過程，實現技術成果的產業化生產，在協同作用下達到了技術與市場的對接，放大了技術資源使用和整合能力。從區域創新的角度，界定了企業創新網路的內涵，他們認為與企業發生合作關係，產生信息、知識交流的外部組織使企業創新網路成員之間逐漸形成了相互依賴的關係，而且它們往往採用實體聯結、虛擬組織和契約聯結等組織形式。
王大洲（2001）霍雲福（2002）	企業創新網路是企業創新夥伴自發的一種制度安排，是為響應組織對技術創新的需求而發生的關係聯結。參與創新網路的行為主體通過交互作用促進了新產品的開發與推廣，它與「合作創新」的不同之處是，企業創新網路是一種制度安排，是一個開放而不斷演化的互動體系，而合作創新是一種合作行為，並沒有演化階段，兩者的觀察視角不同，採用的分析方法也不同。
程銘、李紀珍、吳貴生（2001）	創新網路是一種非正式的組織形式，是一種協同群體。
張偉峰、萬威武（2004）	把創新網路的概念界定為所有創新活動中與其他組織聯結成的關係總和，包括正式與非正式的關係。
彭光順（2010）	所謂的企業創新網路是應付系統性創新的一種基本制度安排，所有與技術創新活動密切相關的外部組織都是企業創新網路的成員，他們與企業建立著直接或間接以及正式或非正式的互利互惠關係。

資料來源：據本研究整理。

根據上述國內外學者的界定，本書認為高新技術企業創新網路是指企業技術創新活動所賴以發生的網路，包括參與創新的各種行為主體（大學、科研院所、政府機構以及創新導向服務供應者等），圍繞不同創新目標而建立的直接或間接以及正式或非正式的制度安排或關係總和，呈現出合作平等性、關係長久性、利益互補性、共同演化性、動態開放性等多元特徵。

2.2.1.2　企業創新網路的分類

Freeman（1991）對企業創新網路的劃分是合資企業和研究公司，合作R&D協議，分包、生產分工和供應商網路，政府資助的各種研究項目。Estates 和 Ramani（1998）根據焦點企業所聯結的對象屬性，把企業創新網路劃分為政府網路、專業網路、科學網路等幾種類型。各種網路內成員之間通過協作與交互行為，共享知識和信息等創新資源，解決潛在衝突，實現資源互補，共同提高技術創新能力，開發新產品和新技術。Gemünden、Ritter 和 Heydebreck（1996）提出了七種技術創新網路配置模式，孤島型，蛛網型，等等。Cravens 等（1996）把企業創新網路分為了空心網路、柔性網路、增值網路和虛擬網路四類，並且他認為不同種類的網路應該採取不同的治理方式。

國內學者對此也有較多的研究。霍雲福和陳新躍（2002）基於網路成員合作視角，將企業創新網路劃分為垂直型、水平型和混合型三種。垂直型網路主要是與企業發生縱向聯繫的外部組織，包括供應商和客戶等。水平型網路主要是與企業發生橫向聯繫的外部組織，包括科研院校、政府機構和同行企業等。混合型網路主要是以上兩種網路類型的綜合。而水平型網路中，企業最能夠獲取到異質性資源，來自各個領域的合作夥伴為企業帶來了專有知識和新思想，幫助企業得到不同創新要素的多種組合形式。而垂直型網路更有利於企業分擔創新風險和費用，為企業帶來更多的互補資源，有助於改進現有產品功能和快速實現技術創新成功。吳永忠（2005）認為，企業技術創新活動的重點是不斷演化和發展的，因此以企業為中心的創新網路也會相應地發生轉變，具有不同的形態，主要有研發系統網路、生產系統網路和營銷系統網路。歐志明等（2002）為了使企業創新網路得到有效管理，將其劃分為領導型和平行型兩種。前者就是某個行業中的核心企業或寡頭企業，能夠引領整個系統的生存和發展，掌握著最先進和最核心的網路資源。

2.2.2　企業創新網路的治理

將社會網路分析法引入企業創新網路分析，為企業創新網路的刻畫提供了一套科學有效的工具，推進了有關技術創新管理理論和實踐領域的發展。同

時，隨著 Granovetter（1985）提出關係嵌入性理論的重要性之後，多數學者接受並驗證了 Granovetter 的觀點，開始從關係嵌入性視角來探討其治理與影響機理問題。經過諸多學者的探討，企業創新網路的治理研究已逐漸形成了三種研究路徑：一是從網路整體結構出發進行研究，側重於網路參與主體或結點之間所構成的網路體系狀況，比如網路集中度、網路規模、網路異質度和網路開放度等；二是從關係視角出發進行研究，聚焦於網路參與主體或結點之間的聯結程度，比如關係強度、關係穩定性和關係質量等；三是，從位置視角進行研究，主要是區分各個結點之間的相對位置，用以分析結點在整個網路中所處的位置（王大洲，2001）。

Powell 等（1996）剖析出生物技術產業的學習網路，指出了對網路集中度、網路組合和成長率產生影響的關鍵因素。Gemünden、Ritter 和 Heydebreck（1996）認為關係強度和網路結構是企業創新網路中最重要的維度，並在此基礎上提出了七種技術創新網路配置模式，孤島型、蛛網型，等等，表明技術創新網路配置與創新成功具有密切關係，不同類型的網路配置模式應該採取不同的治理方式。Lorenzoni 等（1999）通過實地調研發現，精心設計和搭建的企業創新網路，定期對網路進行維護，加強與網路成員間的關係，更有利於企業與外部組織的協同配合，適應外部環境轉變，開發出滿足消費者需求的產品，提高了企業競爭優勢。Rowley 等（2000）認為不管是弱聯繫還是強聯繫都有著重要作用，它們對於企業技術創新活動所發揮的功能是不同的。由於企業發展戰略、產業環境和外部資源的不同，創新網路的構成也會不同。以製造業為例來講，強聯繫更有利於加強外部資源的協作，最大限度地整合新知識和新技術，而在軟件行業中，強聯繫往往會導致知識洩露的風險，不利於保護企業自主知識產權，所以弱聯繫更適用於軟件行業。Dyer 和 Nobeoka（2000）通過案例分析發現，企業創新網路管理存在許多問題，並認為豐田公司設計了有效的網路治理機制，並解決了三個問題：一是在水平和垂直的創新網路中都組成雇員流動，培養學習型組織，鼓勵知識和信息的自由流動，幫助企業內部和企業與外部組織之間形成較為統一的歸屬感。二是弱化資源專屬性的思想，培養資源共享的意識，規定網路成員的知識是屬於整個網路的，而非某個成員，有利於知識傳遞與吸收。三是構建了多層次的知識共享網路及其子網路，促使企業充分共享網路資源。豐田公司通過種種管理舉措解決了企業創新網路中的一些難題，是值得我們學習的。但是，豐田公司的網路治理機制也有不足之處，即制定統一的歸屬感也可能產生知識同質化，缺乏不同資源種類的互補，無法適應新興技術所帶來的突變式技術創新，反而導致技術創新能力下降。

上述研究表明，管理者可從結構維度、關係維度和位置維度來優化網路的配置、實現網路的治理、促成企業與創新夥伴的共同進化。

2.2.3 企業創新網路特徵對創新績效的影響

根據國內外現有文獻，本研究主要從結構和關係兩個方面來闡述這兩者之間的影響作用。

2.2.3.1 企業創新網路結構特徵對創新績效的影響

企業創新網路結構及其影響後果的研究始於社會學的研究視角，企業創新網路結構特徵分析應該考慮網路結構、互動關係及其過程。Granovetter（1973）將「嵌入性」概念引入企業創新網路研究之中，並將「嵌入性」劃分為「結構嵌入」和「關係嵌入」。結構維度聚焦於網路整體結構的要素，研究企業在網路中的集中度、規模、異質性和開放度等因素，而關係維度則主要分析了關係的強度、久度和質量等。此後，創新能力和績效的差異，而網路嵌入性的不同會帶來技術創新績效的差異，即網路規模、關係強度及企業在網路中的位置等都會影響技術創新績效（Granovetter，1985；Uzzi，1997）。於是，「結構嵌入說」得到國內外學者的廣泛採用，網路結構分析法著眼於整體屬性，主要分析網路規模、網路中心性、網路開放度和網路異質性等結構特徵，便於經營管理者進行治理和預測。這種分析方法已經在諸多產業中得到了運用並取得了一定的成果，包括生物制藥、軟件業、電子與通訊業等。

Granovetter（1973）提出參與到同一創新網路中的行為主體並不會產生相同的績效，這是由於各自的先天資源稟賦和透過網路得到的資源是不同的。Kraatz（1998）認為，在企業創新網路下，管理者試圖獲取大量的異質性或互補性資源，以適應複雜多變的外部環境。所以必須維持大且異質性高的網路關係以便提供源源不斷且多樣化的信息。Uzzi（1997）研究了結構性嵌入與技術創新績效之間的關係，通過對美國一些產業區研究發現，不僅網路規模增大能夠擴大信息獲取的存量，而且網路中成員的多樣性更有助於產業區企業對異質性信息的獲取，因此網路結構會影響技術創新績效。Gulati 和 Dyer（Gulati，2000；Dyer & Nobeoka，2000）把網路帶來的能夠使企業獲得競爭優勢的異質性資源定義為「網路資源」，並認為不同的嵌入性網路關係會影響企業觸及與控製的網路資源的數量與質量，從而造成企業績效的不同。McEvliy 和 Marcus（2005）認為嵌入性通過影響企業競爭行為間接影響企業競爭優勢。Cowan（2004）通過仿真手段模擬了創新網路結構與知識擴散的關聯過程，發現擴散模型下知識水平的變動與創新網路的結構密切相關，當網路呈現小世界性時，

網路行為者知識水平達到最優。Brigitte Gay 和 Bernard Dousset（2005）研究證實生物產業網路的無標度性、小世界性，通過證實生物網路以優先接近核心技術企業模式成長、演化，得出網路動態演化與合作結構對企業獲取產業主導地位的重要意義。Schilling 和 Phelps（2007）研究了 11 個戰略產業聯盟合作網路結構與創新績效的關係，證實擁有較高網路聚類系數與較短網路平均路徑的企業擁有更好的創新產出（知識溢出）。將「網路資源」界定為參與企業創新網路中的各個行為主體間彼此傳遞的互補性資源，這種資源狀況會隨著網路結構和網路關係的轉變而發生變化，最終影響到技術創新績效的差異。網路資源嵌入於網路結構之中，不是孤立存在的，需要關注組織間資源交換的雙邊關係。Cowan（2004）利用仿真方法，模擬了企業創新網路結構與知識擴散間的影響作用。結果表明知識水平的高低將會導致網路結構發生變化，當該網路具備小世界特徵時，成員間的知識水平最高。類似地，Brigitte Gay 和 Bernard Dousset（2005）以生物產業為例，分析了生物網路結構特徵，認為整個網路的演化過程和結構對核心企業成長具有顯著影響作用。企業應當抓住網路演化的機遇，做出適當的選擇，完成順利的轉型，提高競爭優勢地位。另外，還有學者研究了競爭行為在網路嵌入性與競爭優勢之間的仲介效應，得出聯盟合作網路結構對創新績效存在正向顯著影響的結論。

國內學者池仁勇（2005）對浙江省中小企業創新網路進行實證研究，分析了該網路結構屬性、基本形式及其形成機理等，並剖析了浙江省輕紡產業的網路中心度、網路密度、網路切點與塊、結點中心度、網路派系、網路核心-邊緣結構。研究結果發現：①浙江輕紡中小企業創新網路具有某些重要節點，是這個網路的中心，如政府組建的科技園、大型企業集團等，說明該網路是以各類專業市場為中心，企業圍繞專業市場開展創新活動；②該網路具有三個主要節點，它們發揮了橋樑作用，連接了市場、競爭者和研發組織；③該網路具有較為完善的連接，各個節點間得到了充分連接，信息得到了全面共享，說明網路的有效性和完整性較高，能夠發揮出網路競爭優勢。何亞瓊（2005）設計了企業創新網路成熟度評價指標體系，指出應該從網路連接規模、網路結點的密度、網路開放程度、網路連接的緊密性、網路連接的穩定性、網路結點的自我淘汰能力、網路本地化程度等指標進行評價，並指出這些指標影響企業技術創新績效水平。李志剛（2007）等對合肥高新區進行調查研究。結果表明：企業所嵌入網路的密度、網路資源豐度、關係強度等是促進創新績效的關鍵要素；經營管理者通過加強成員間的溝通，充分獲取和整合資源，有利於創新成功。在此基礎上，學者們進一步探究了兩者間的仲介或調節變量，比如吸收能

力、網路能力及創新能力（張煊等，2013）。

2.2.3.2 企業創新網路關係特徵對創新績效的影響

對於網路關係特徵及其影響效果的研究始於 Granovetter（1973）在《美國社會學期刊》上發表的經典文章《弱關係的力量》。隨後，Håkansson（1987）將網路分析模型拓展到企業組織，國內外學者更加關注關係嵌入性理論在企業網路領域中的研究。此後，網路關係特徵受到學者們的廣泛關注，網路關係特徵逐漸成為社會科學、經濟管理研究領域中的一個焦點概念。在社會學研究領域中，學者們聚焦於運用網路關係特徵來分析個人和社會的各種問題，而在管理學研究領域中，國內外學者們則更關注關係特徵的影響後果，特別是對創新績效和成長績效的相關實證論證。隨著相關研究的不斷深入，關係嵌入性理論被應用到個人、團隊和企業等多個層面，特別是在組織間合作、組織創新、資源交換和工作績效等層面（潘松挺，蔡寧，2010）。於是，「關係嵌入性理論」逐漸受到國內外學者的廣泛關注，關係維度主要是分析參與創新的行為主體間關係的「強度」「久度」「質量」等。目前，關於網路關係特徵的研究正處於發展階段，學者們運用關係嵌入性理論在社會學和經濟管理研究領域取得了豐碩成果，特別是對企業創新網路的探討，網路關係被認為是企業與其他網路成員之間建立協作或交流的重要特徵變量，與網路成員獲得網路資源種類與質量具有很強的關聯性。但學者們對於「關係嵌入性」所產生的影響作用持有不同的觀點。

通過查閱相關文獻發現，關係強度是衡量企業創新網路對技術創新績效影響的一個最受關注的特徵變量。但目前學術界對關係強度（強聯結和弱聯結）與技術創新績效之間的相關性仍處於爭論之中。部分學者支持 Granovetter（1985）「弱聯繫的力量」觀點，該觀點認為弱聯繫通常導致一種鬆散型的網路，往往構建較大規模的網路，獲取較為廣泛的網路資源，這種弱聯繫的作用在於新信息、技術和知識等資源的傳遞與共享，可減少網路資源的冗餘和降低網路資源滯留。同樣，Kraatz（1998）也指出企業間的弱聯繫不僅可以提高互動內容的廣度，也能夠保持網路演進的靈活性，提高企業運作彈性；而強聯繫能夠提高互動內容的深度，促使企業提升運作效率，但卻可能造成網路束縛與網路惰性，最終形成網路鎖定。Uzzi 和 Lancaster（2003）也認同弱聯結更有利於企業間知識轉移的觀點。國內學者錢錫紅、徐萬里、楊永福（2010）以 IC 產業為例，論證了弱聯繫與技術創新績效存在顯著正相關關係。楊銳、黃國安（2005）採用社會網路分析法實證研究了杭州現代通信產業園區。結果表明：與「強關係理論」的假定相反，企業間的弱關係有利於網路多樣性，

提高企業技術創新能力,並且該園區中的弱關係占據網路整體的 63.76%,這表明該園區網路主要是由弱關係和非冗餘關係所構成,所以企業間顯性和隱性知識的傳遞主要依靠的是弱聯繫而非強聯結。除此之外,部分學者討論了強關係對技術創新績效的作用分析,支持「強聯繫的力量」觀點。Uzzi（1997）認為在緊密的網路關係中,組織間會產生市場需求、邊際利潤和經營策略等信息的頻繁傳遞,對經營管理策略與技術創新能力都產生影響。Larson（1992）通過實證研究表明,強聯結為企業成長帶來好處,因為它能夠使得成員間充分溝通,建立信任感與默契,促進了資源的高效流動和吸收。Ahuja（2000）、Stuart（1998）都發現,技術創新合作網路中夥伴間緊密的聯繫會加強技術交換,提高技術合作績效。Rowley（2000）認為,強關係能夠通過不同的途徑來提高創新績效,一是有效的溝通保證了獲取更廣泛的資源,更有利於吸收和整理有價值的資源;二是,減少對彼此的監督成本,在溝通過程中的衝突與誤解能夠及時處理,降低了溝通成本和潛在風險。Ritter 等（2003）通過對德國的調研樣本進行分析,以技術交融（technological interweavement）來測度成員之間的合作關係強度,研究結果表明越強的關係聯結將會導致越高的創新績效。因此,創新網路成員間應當保持定期的溝通,建立較為暢通的對話機制,這會對技術創新績效產生重要的促進作用。類似地,Schilling 和 Phelps（2007）通過實證研究探究了合作創新網路與企業創新之間的關係,發現高聚集度和高聯結強度的創新網路更具有創新產出能力。Fritsch 和 Kauffeld-Monz（2010）通過調查德國 16 個區域創新網路中的 300 個企業,探析了企業網路結構對知識傳播的影響作用。結果表明:強聯結比弱聯結更有助於企業獲取和傳遞知識、信息。國內學者任勝鋼等（2011）認為,關係強度是指焦點企業與其他網路成員聯繫頻率的高低程度以及企業之間對關係的承諾度水平,這對技術創新績效具有正向影響。陳學光（2007）認為,關係強度（intensity）或關係頻率（frequency）是體現企業創新網路特徵的重要變量,與技術創新績效呈正相關關係。王燕妮等（2012）運用案例分析探析了汽車企業的創新網路運作機理,認為企業間關係強度會正向或負向影響技術創新績效,但正負影響是運動變化的。

　　除此之外,關係久度和關係質量也是衡量企業創新網路關係特徵的重要變量。Uzzi（1997）認為穩定而持久的合作關係將會促進彼此間的認同感和信任感,付出更多的投資,能夠有效地處理各種衝突與矛盾,減少監督成本。同樣地,Nooteboom（2000）通過對比美國和德國的企業發現,隱藏於團體或組織間的顯性或隱性的互補知識,只有通過培養彼此間信任和長久的關係才能有效

地進行整合。如果說彼此間已經建立起長久的合作網路，關係的持續時間越長，彼此之間的相互瞭解程度越高，在處理界面管理問題的過程中越能夠較快地相互理解，提高工作效率，獲取對自身有價值的資源。Kogut 和 Walker（2001）通過分析德國企業間的網路關係特徵，指出如果企業間保持著越穩定和持久的聯結，越能夠促進成員之間的溝通與協作，提高資源在網路中的共享程度，實現創新資源利用效率最大化。並且，持久和穩定的關係促使企業間培養信任感，這有利於企業與合作夥伴的關係更加牢固和透明，有效地促進網路資源傳遞與共享，企業遇到問題時往往尋求合作夥伴一起共同解決，從而提高企業技術創新能力。陳學光（2007）認為，在持久而穩定的關係之中，企業之間更有利於形成相互的信任感與認同感，降低對彼此的監督成本，提高行動的一致性，能夠傳遞更加隱蔽的信息和知識，對企業績效有促進作用。Hagedoom 等（1994）對高技術產業進行案例研究，分析了企業間建立合作關係的動力在於獲取合作者的市場渠道，以及與有市場吸引力的客戶企業建立承諾、信任和忠誠的穩定關係對實現企業可持續創新有著重要意義。張首魁、黨興華（2009）在分析關係結構、關係質量與合作創新企業間知識轉移的影響路徑中得出，若是企業選取一定的關係結構與關係質量水平時，弱關係強度和良好的關係質量組合更有利於合作創新企業間的知識轉移。馬剛（2005）基於產業集群的基本內涵梳理了產業集群演進機制和競爭優勢，認為企業間的關係質量決定了創新能力的大小，是技術創新活動中值得關注的關鍵因素。但少數學者指出強關係往往排斥了外來的進入者，缺少獲得多樣的、異質的、簡單的知識源，缺乏新觀念、新視角的引入，導致「知識黏滯」，從而降低技術創新績效。

可以說，結構嵌入性和關係嵌入性理論及其影響後果是眾說紛紜，不同的學者從不同角度進行了有益的探索。尤其是，企業間關係強度對創新績效的影響作用仍舊處於爭論之中。通過對國內外學者相關實證研究及結論進行一番梳理，本書發現從關於關係強度與技術創新績效的實證研究來看，主流的結論是關係強度對技術創新績效有正向影響，於是本研究假設也採用這一主流的觀點。

2.2.4 研究述評

目前企業創新網路的概念被大量使用和推廣於各個產業領域，已經成為學術界和企業界關注的焦點話題，其研究熱點集中於企業創新網路的內涵與外延、類型劃分、治理與演化、聯結機理、結構與關係特徵等。從國內外的研究

現狀來看，大多數學者已對企業創新網路進行了有益的探討，但仍存在以下幾點不足之處：①對於企業創新網路的研究，目前尚沒有公認的數據採集和量化標準，所以企業創新網路的量化標準仍值得進一步探索；②現有研究多是針對企業創新網路的界定、聯結機制、生成與演化、結構與治理等方面，從整體角度解釋了企業獲取創新資源的「質」和「量」的問題，而對企業在不同企業創新網路環境中怎樣整合創新資源的行為卻鮮有研究；③現有研究較多探討不同企業創新網路結構特徵、關係特徵和位置特徵對企業創新績效、組織學習、知識轉移等的作用路徑，較少探討不同企業創新網路對企業行為的作用路徑；④現有研究側重於企業與合作夥伴之間的交互過程、知識轉移、網路能力、資源獲取與創新績效間的關係，尚未研究「企業創新網路、企業共生行為與創新績效」之間的關係。

基於上述分析，本書將借鑑國內外的成熟測量指標，從結構和關係嵌入性視角對企業創新網路進行測量，為實證檢驗企業創新網路對共生行為和技術創新績效的影響路徑奠定基礎。

2.3 技術創新相關研究綜述

自從美籍奧地利學者約瑟夫・阿羅斯・熊彼特（Joseph A. Schumpeter）於20世紀初期提出「創新動力論」以來，技術創新理論得到了不斷豐富和拓展，已形成了四個典型的理論學派，新古典學派、新熊彼特學派、制度創新學派和國家創新系統學派。這四個學派的各個學者從不同角度闡釋了技術創新的概念、特性、影響因素、管理模式，以及對經濟發展的促進作用，等等。

2.3.1 技術創新的界定

熊彼特認為創新是建立一種新的生產函數，是對生產要素和條件的「新組合」，通過把新產品、新工藝、新方法、新制度引入生產系統來獲取超額利潤。雖然熊彼特提出的創新包含技術創新，並列舉了一些具體表現形式，但更多的是考察其對經濟增長的影響效果，而沒有對技術創新的內在屬性及其運作機理進行剖析。於是，學者們就此問題展開了對技術創新概念界定的討論，並提出了各種理解，如表2-3所示。

表 2-3　　　　國內外部分學者及研究機構對技術創新的理解

學者或機構	觀點
Utterback(1979)	與發明或技術樣品相區別，是技術的實際首次應用。
Mansfield(1982)	從經濟學意義理解，只有首次被引進商業活動的新產品、新工藝、新設計及新制度才稱得上技術創新。
Mueser R.(1985)	有意義的連續性事件，它以其構思的新穎性、非連續性和活動最終成功實現為特徵。
Freeman(1997)	經濟學意義上是指包括新產品、新設備、新過程及新系統等形式的技術首次實現商業轉化。並指出，技術創新成功的標誌主要有兩個：一是在商業上實現盈利；二是在市場份額上實現擴張。
OECD(1992)	包括產品創新和工藝創新，以及在產品和工藝方面顯著的技術變化。
斯通曼(P. Stoneman,1989)	是首次將科學發明導入生產系統並通過企業的研發體系，實現技術創新成果商業化的整個過程。
德魯克(P. F. Drucker, 1989)	凡是能改變已有資源的財富創造潛力的行為都是創新，並非僅在技術方面，還包括管理、市場和組織方面。
柳卸林等(1993)	是在產品設計、試製、生產、營銷和市場化過程中對知識的創造、轉換和應用的過程，也就是新技術的產生和應用。
傅家驥(1998)	是指企業家以獲取商業利益為目標，通過對生產條件和要素的重新組織，建立起高效的生產經營系統和組織管理系統，以獲取新的原材料或半成品供應，並利用新的生產工藝向新的市場提供新產品的綜合過程。
範柏乃(2004)	以市場為導向，從新產品、新服務的產生，經過技術的獲取、工程化、商業化生產到市場應用過程的一系列活動總和。
趙玉林(2006)	是企業家抓住新的技術潛在盈利機會，重新組織生產條件和要素並首次引入生產體系，從而推出新產品、新工藝、開闢新市場、獲取新原料來源而引發的金融、組織和制度變革。

資料來源：據本研究整理。

以上的研究從不同角度、不同側面對技術創新的特點和涵義進行了闡釋，綜合上述研究成果，可認為技術創新主要包含以下幾方面內容：①技術創新是一個緊密聯繫和相互作用的知識創造過程，它以滿足市場需求為目標，以產品或服務為載體，是對技術要素的獲取（研發和引進）、重新配置、商業化及市場應用的綜合體現；②技術創新的核心是將技術能力與市場需求相結合，它的實現要滿足兩個條件，即確認某種市場需要和具備實現這種需求的技術；③具備高效的生產經營和組織管理體系和模式，建立技術創新成果轉化的重要途

徑，才能有效地實施技術創新；同時，由於影響技術創新的要素存在多樣性，既來自企業內部，也來自企業之外，應隨時關注外部環境的變化發展，具體包括企業之間的互動、企業與創新環境間的互動，通過內外部資源的有效整合，企業更能夠制定合理的發展戰略和管理對策。本書所研究的企業創新績效僅僅指的是企業技術創新績效，所以本章節僅對技術創新及其理論進行了梳理和述評，且大多數學者的研究涉及的都是高新技術企業技術創新績效，並不涉及管理創新、文化創新等其他創新內容。

2.3.2 技術創新能力評價研究

從已有文獻來看，企業技術創新能力評價既涉及評價理論，又涉及評價方法。國外學者致力於科學評價企業技術創新能力的研究，歸納系統的技術創新能力評價理論，而國內研究者側重於從微觀操作層面設計指標體系，構建技術創新能力評價模型，並採用各種工具和方法來求解。

國外學者對技術創新評價的研究最早可追溯到 20 世紀 50 年代，Solow（1957）構建技術外生模型來評價技術創新活動對經濟增長的貢獻。此後，在 Arrow（1962）的技術內生化經濟增長理論及學習理論、Romer（1986）的思想驅動內生增長模型、Chiesa（1996）的七大過程等理論的推動下，西方技術創新評價理論日臻完善。國內學者主要從組織行為學、資源要素、技術活動投入或產出、企業內部的工藝流程環節的協調一致和過程論等角度，對企業的技術創新能力進行了評價。在這些評價理論指導下，技術創新能力評價方法逐漸形成，即層次分析法（AHP）、數據包絡分析（DEA）、BP 神經網路、模糊綜合評價、密切值法、多層次灰色評價等。其中，每種方法都有其各自的優缺點，應根據指標體系、權系數要求和問題本身進行選用。國內學者針對企業技術創新能力評價的具體問題，對這些方法進行改進和聯合使用。

由於分析問題的視角不同，對技術創新能力的解構不同，對技術創新能力的測度也存在差異。多數國內外學者從技術創新的過程、資源要素、內部工藝流程協調、組織行為學等角度將技術創新能力看作是一個由若干要素構成的能力系統，是多種技術創新行為內在條件的綜合。Barney（1991）指出，技術創新能力是在資源基礎之上構成的一種「經驗基礎」。魏江、許慶瑞（1996）從技術創新過程的角度將技術創新能力分為創新決策能力、R&D 能力、生產能力、市場營銷能力、資金能力和組織能力六個方面。閆笑非、杜秀芳（2010）將技術創新能力分為四個方面，即技術創新投入、技術創新產出、研究與開發的條件、創新資金支持。宗蘊璋、方文輝（2007）根據知識運動和學習的過

程，提出技術創新能力分為製造能力、模仿能力和自主能力。盧方元、焦科研（2008）從技術創新投入、研究開發、製造能力、技術創新產出和創新環境支持5個方面設立了評價指標。

綜上所述，首先，對企業技術創新能力評價指標體系進行論述的文獻較多，多數學者從技術創新的過程、資源要素、內部工藝流程協調、組織行為學等角度出發，但基於能力維度的技術創新評價指標體系甚少；其次，不同的學者從不同的角度構建企業技術創新能力評價模型，但不能比較企業自主研發能力、外源技術協同能力和成果轉化能力三者之間的差異；最後，上述各種技術創新能力測度方法都具有合理性，但是對農業資源型企業缺乏針對性。本書從農業資源型企業的技術創新實踐出發，著眼於自主研發能力、外源技術協同能力和科研成果轉化能力三個維度，更貼近於企業的現實。

2.3.3 技術創新管理理論

在信息技術和知識經濟時代背景下，企業單單依靠提高生產效率、降低生產成本、控製產品質量或是產品差異化都無法滿足日益變化的市場需求，只有技術創新才能為顧客提供滿意的產品或服務，才能保持企業競爭優勢。因此，技術創新管理對於企業生存與發展具有重要意義。隨著理論界和實踐界對此領域的研究與日俱增，出現了關於創新管理特徵、管理模式等方面的重點討論。從現有研究成果來看，其研究歷程大概可劃分為從線性—組合—系統—網路化管理階段，目前正在邁向網路化創新管理階段，學者們將會越來越註重社會網路理論在該領域的應用。

（1）1940—1980年，自熊彼特提出創新動力論後，國內外學者對技術創新活動的關注轉向了具體的創新過程、成功因素和動力機制，試圖探析技術創新活動中的各個關鍵要素，因此該階段的顯著特徵是單一、線性、內源式技術創新管理的研究，主要關注技術創新活動中的技術要素方面，比如創新過程中的不同構成要素、影響因素，該階段的主要局限性在於僅僅停留在線性的、內部的技術創新管理研究上，特別是構成要素及其特徵（Rosenberg，1976）。雖然還有許多問題沒有得以明晰，但初步形成了理論體系。隨著創新動力論提出，技術創新活動的研究也得到越來越多學者的關注，他們從不同的角度對此進行了繼承和拓展。直到20世紀六七十年代，學者們開始觸及技術創新活動的內外推動力問題。Hippel（1993）突破了技術創新內源動力的說法，指出用戶在技術創新中具有重要推動作用，即用戶創新思想。之後，理論界將視角轉向技術創新的動力機制，並逐漸分為內外源動力兩個方面進行討論。這種研究

思路主要是借鑑了物理學和力學的分析方法和工具，是一種牛頓經典的機械哲學觀。該階段所產生的研究成果主要不足在於，片面強調技術創新過程本身，過於關注單個企業技術創新過程中的某種動力要素，多數強調技術拉動力或市場推動力對創新績效的影響，缺乏對技術創新活動中各種要素之間的互動關係的研究。

（2）1980—1990 年，企業外部環境日益複雜多變，要求技術創新活動改變原有的單一模式。部分學者從系統角度出發，開始關注創新活動中的各個構成要素之間的作用機理。例如，Rosenberg（1996）等的研究突破了以往研究的線性和靜態，探索了技術創新過程的系統化、動態化特徵。Rosenberg 提出了創新鏈環模式，表明技術創新活動並非僅僅依靠企業獨自完成的，而是需要與其他組織進行合作，共同完成新產品開發、生產和營銷過程。其他一些研究成果表明，在新產品開發過程中強調各種創新要素間的組合，不同的創新要素組合將會產生不同的創新思路。例如，文字創造與軟件設計的結合將會開發出一套新的顯示界面。可見，組合創新研究階段側重於產品創新與工藝創新的交互作用，技術創新與文化創新的結合，R&D 與外源技術協同的相互影響，突變式創新與漸進式創新的關係等問題。

（3）1990—2000 年，在組合創新理論的推動下，技術創新管理理論又向前邁進一步，基於集成創新和系統創新觀的創新理論應運而生。Iansiti（1997）提出了技術集成的概念。Tang（1998），江輝和陳勁（2000）等認為由於「整體功能之和大於個體功能的簡單加總」的特徵，創新活動中的構成部分不能分散來看，需要採用全面和系統的視角，關注構成部分之間的互動關係和影響作用。某些學者從企業和區域的角度，論證了創新系統的構成、相互影響作用、運作機理等。這些研究成果具有重要的理論意義，甚至部分研究成果是利用跨學科知識或借鑑其他學科的工具進行研究，在一定程度上豐富了技術創新管理理論，為日後從嶄新的視角打破傳統研究體系奠定了基礎。

（4）2000 年至今，在信息時代背景下，技術創新活動呈現出網路化特性，需要利用跨學科知識，例如從社會網路的視角對此進行探索。面對日新月異的市場需求和複雜多變的競爭狀況，創新管理模式也相應地發生了改變，具體表現為從技術活動的單一階段轉向全過程，從單項活動轉向多項活動的集成，從靜態線性模式轉向動態網路化。到 20 世紀末期，企業陸續湧現出各種網路化組織形式，如產學研合作、技術聯盟、委託分包和虛擬組織等，這表明企業技術創新呈現出新趨勢——網路化。伴隨著技術創新活動的網路化趨勢，企業創新網路逐漸形成。例如，Freeman（1991）提出企業創新網路的準確性定義及

其分類。李玉瓊和朱秀英（2007）通過對豐田汽車生態系統的有關結點企業的創新共生指數進行抽樣調查，分析了該生態系統的創新共生能力和企業價值網路。張穎和謝海（2008）指出技術創新的生態管理實質就是要與利益相關群體建立一種和諧共生關係，提高技術創新能力，規避技術風險。基於共生理論和社會網路理論視角來研究技術創新活動，對技術創新研究採用了新方法和新理論，豐富了相關領域的研究成果，也為經營管理者提供了有益的分析思路。

2.3.4 研究述評

自熊彼特提出創新理論以來，學者們對相關領域的研究歷經了幾十年的發展，已初步形成其理論體系。從技術創新管理理論的演進過程可見，技術創新管理所涉及的時間和空間範圍在不斷拓展，具體表現為從技術活動的單一階段轉向全過程，從單項活動轉向多項活動的集成，從靜態線性模式轉向動態網路化。Rothwell（1994）在其第五代創新模型中提出，第五代創新模型具有網路化、系統一體化、靈活性等特徵。而技術創新的生態化特性正是從其系統集成網路性質中衍生出來的。在當前社會背景下，企業不再適用於單獨創新，而是需要與多個外部組織間交流和協作共同實現創新成功。

縱觀技術創新管理理論的歷史進程，面對不同戰略目標和日益變化的市場需求，企業技術創新管理模式也發生了改變，技術創新活動從靜態的、機械的線性式管理逐漸轉變為動態的、系統的生態化管理。雖然現有文獻從不同角度對技術創新管理模式進行瞭解讀，但在創新網路化發展趨勢下，現有管理模式尚未考慮到企業之間的共生關係，而共生行為正是制約企業技術創新的一個潛在因素。為此，本章從共生視角出發，試圖構建高新技術企業技術創新管理模式。

2.4 本章小結

由於對企業創新網路的討論是 20 世紀末期興起的研究領域，國內外學者借鑑其他學科方法來研究企業創新網路，如社會網路分析法、複雜系統理論、協同論等，並取得了一定成果。採用社會分析法，企業創新網路一般從結構和關係特徵進行測量，這兩個維度分別描述了企業創新網路的夥伴數量、夥伴多樣性、聯繫緊密程度、聯繫持久度、信任滿意等企業創新網路概況，但是對企

業與企業之間的創新資源交換過程卻沒有探討，例如，創新資源豐度、創新資源傳遞效率、共生介質豐度和平臺清晰性等問題。針對這些問題的探討有益於揭示企業創新網路中的不同企業行為對創新績效產生的影響作用。因此，需要借鑑其他學科研究方法，對創新網路中創新資源的交換、轉移，進行深入的量化研究和實證研究。本研究認為共生理論可以有效協調創新網路中各個主體、客體和環境之間的關係，維持物質流、信息流和能量流的傳遞，從共生視角來認識企業創新網路環境下，技術創新活動中創新資源的共享和創造機制，能夠較好地解釋不同企業在特定創新網路環境中怎樣整合創新資源的行為。因此，運用共生理論來探討企業創新網路與技術創新績效之間的黑箱具有適用性。

　　接下來，本書將引入共生行為作為仲介變量，基於企業創新網路中的「結構—關係」嵌入性理論、共生理論、技術創新理論，運用 SPSS 統計分析和結構方程建模方法，從關係強度、關係質量、關係久度、網路規模、網路開放度和網路異質性六個維度分別探討高新技術企業創新網路成熟度對企業共生行為和創新績效的影響，能夠較好地解釋企業在既定創新網路環境中怎樣整合創新資源的行為，並提出相應的管理模式。

3 企業創新網路特徵分析

對企業創新網路的分析，首先要研究在創新網路中的創新夥伴，其次分析企業技術創新過程受創新網路影響的因素，這也是分析企業創新網路對創新績效的影響機理的基礎。

3.1 企業創新網路中的創新夥伴及其作用

Gemünden 等（1996）認為，以焦點企業為核心而建立起的外部合作夥伴聯繫主要包括八大類，包括政府管理、供應商（產品製造商）、研究和培訓機構、合作供應商、競爭對手、外部顧問、客戶、分銷商，其分析框架如下（見圖3-1）。

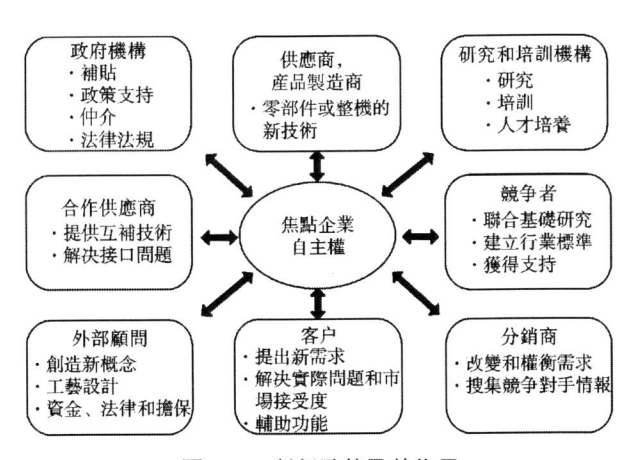

圖3-1 創新夥伴及其作用

資料來源：HANS G G, THOMAS R, PETER H. Network configuration and innovation success: an empirical analysis in German high-tech industries [J]. International Journal of Research in Marketing, 1996, 13 (5): 449-462.

通過對321家高新技術企業的調查，Gemünden提出了一個關於企業技術創新過程中的重要行為主體的較為完整的分析框架，本章根據此框架，對企業技術創新過程中各個創新夥伴的作用進行分析。

3.1.1 政府機構的作用

政府在技術創新過程中所扮演的角色，不僅是一名積極的參與者，更是必要的推動者。政府通過標準制定、政策扶持甚至是行政干預等方法積極推動技術創新活動的發展。例如，政府可以通過減免稅收等優惠政策支持那些重點扶持的高新技術企業；或者創立高新技術產業園區，促進高新技術產業集群，實現產業集群內部的高新企業實現知識共享、信息流通、資源互補的效應；或者籌辦大型的博覽會，為企業搭建一個信息對接的平臺，甚至直接參與到項目對接的過程中去，幫助企業順利完成技術創新成果的轉化。政府部門也會充當市場競爭秩序維護、知識產權維護等的市場仲裁角色。

3.1.2 供應商（產品製造商）的作用

在企業的技術創新及產品開發過程中，企業不可能具備所有創新及產品開發所需要的技術條件與資源要素，企業也不可能掌握所有創新與產品開發所需的知識和有價值的信息，因此它需要外部供應商提供其所需支持，或者是原材料的供給，或者是知識溢出，或者是技術支持，比如零部件的新技術，既可以改善焦點企業生產設備的技術性能，提高生產效率和產品質量，也可以給製造整機的焦點企業直接提供集成創新的可能。綜上所述，在集群技術創新過程中，供應商發揮了重要的推動作用。

3.1.3 研究和培訓機構的作用

大學與科研機構是科研成果與創新的重要源頭。Gemünden等（1996）認為科研院校對焦點企業的技術創新貢獻在於：研究、培訓合格的職員。實際上，企業加強和高校、科研機構的共同研發、聯合創新，不但可以獲得先進技術成果，而且還能有效地推動大學、科研機構成果的商品化、研究的市場化。產學研合作有助於高校院所成果的順利轉化。

3.1.4 合作供應商的作用

互補性緘默知識、解決界面問題是合作供應商對焦點企業技術創新活動產生的最主要的貢獻，其具體作用表現在：他們與焦點企業的聯繫比普通供應商

更加緊密,能夠充分獲取與傳遞緘默知識,迅速處理界面的衝突問題,實現資源的優化配置。

3.1.5 競爭對手的作用

企業與企業之間存在著極為廣泛的網路聯繫。通過企業間的合作,企業可以節約時間成本,縮短產品開發週期,分散市場開發、技術研發等風險,加強溝通與信息交流進而提升企業競爭力。因此,競爭者也可以成為焦點企業的創新夥伴。Gemünden 等(1996)認為聯合基礎性研究、建立技術標準和給予幫助等要素是競爭者對焦點企業技術創新的主要貢獻。競爭者與焦點企業如果存在互補性的資源,可以進行聯合研究,分擔研發過程中存在的潛在風險,節約創新所需要的時間、提高創新的成功率;如果競爭者與焦點企業都屬於行業的領頭羊,他們可以通過建立技術標準,實現部件的標準模塊化生產,實現產品的融通,避免創新資源的低效使用,提高創新的效率以及創新成果的影響力,實現技術成果的無縫對接。例如,中國數字化產品(3C)技術標準,就是由聯想、方正等幾十家大企業共同發起建立,促進計算機、通訊等行業的創新資源向統一方向流動。給予幫助指的是焦點企業與競爭對手之間展開合作,資源互補、共同開發、利益均沾。因為當前外部環境變化劇烈,單個企業很難具備足夠的資源和能力去應對市場的變化,競爭格局已經不僅僅是單個企業與企業之間的競爭,而是一種「群體競爭」,是焦點企業與競爭對手合作中的競爭,是更大範圍的競爭。

3.1.6 外部顧問的作用

外部顧問通常指的是焦點企業外部的智囊團隊,一般包括經濟、技術、法律等相關領域的專家。他們通過兼職的方式或者項目參與的方式,在企業的技術創新活動中,提供智力支持或者整合外部相關資源,類似於仲介。仲介機構經常發揮焦點企業與其他企業間的橋樑作用,促進資源的有效配置、信息的有效對接、知識的充分共享,其完善與活躍對技術創新成功具有影響。

3.1.7 客戶的作用

客戶作為焦點企業產品的使用者,對企業產品有著直觀的感受,十分瞭解產品在使用過程中的缺點和存在的問題,可以為企業新產品的開發提供寶貴的意見。並且客戶也最清楚自身需求的變化、關注焦點的變化,因此對於焦點企業新產品的開發、新市場的開拓有著重要的指導意義,能夠提出新的要求,激

發焦點企業的創新思維和創新動力，評價企業的創新活動，最終有利於提高企業的新產品的市場成功率（Hippel，1986）。Gemünden 等（1996）認為，「提出新的要求」「解決市場開發中的一些問題」「參考功能」是客戶在企業創新活動過程中表現出來的最主要的三個作用。

3.1.8 分銷商的作用

焦點企業技術創新過程中需要及時更新信息、掌握客戶需求動態，而這有賴於分銷商。分銷商作為企業連接市場的關鍵節點，能夠準確把握顧客的需求偏好，充分瞭解市場的供需情況、瞭解競爭對手的最新動態。由於分銷者常常與焦點企業的利益是一致的，因此它們經常會主動地幫助焦點企業收集有用的信息、整合焦點企業技術創新過程中所需的資源，促進焦點企業的技術創新。

在共生視角下，企業創新網路關係本質上反映了企業間的共生關係，企業創新網路實際上就是一種共生網路。在企業創新網路中，共生單元包含了合作企業和潛在合作可能的企業、政府、科研院校、仲介機構等。而大學或科研機構與企業合作中的技術轉讓、委託研究、合作研究和共建經濟實體等模式是共生界面上的共生介質。科研院校與企業之間存在著資金、技術、知識、信息和人才的流動，是共生能量的產生和傳遞的過程。每個共生單元的質參量反映了該共生單元的內部性質，質參量之間的相容和互補是共生的前提條件。例如，科研院校是技術和人才的主要輸出者，企業是研發資金的提供者。在產學研合作中，企業通過引進技術和人才，開發新產品和改進工藝，獲得了更大的盈利。而科研院校通過資金支持，推動了下一個研發項目。這是一種互惠互利的共生關係，當很多的企業、政府、科研院校、仲介和金融機構等參與到這種共生關係之中時，多個共生單元之間將在多個共生界面上進行複雜多樣的共生能量交換，使得企業之間的共生關係具有了網路特徵，形成企業創新網路。在創新網路之中，企業不斷與合作夥伴交流經驗、交換創新資源，提高企業創新價值。企業所編織的這張創新網路逐漸具有了結構和關係兩個方面的特徵。

3.2 企業創新網路的結構特徵

3.2.1 網路規模

任勝鋼等（2011）認為，網路規模是衡量網路結構中最基本的特徵，它反映了整個網路的基本組成情況。Marsden（1990）認為網路規模代表著企業

與合作者在創新活動中發生的各種互動關係總和，通過合作關係的數量來進行測度。類似地，陳學光（2007）也採用了企業所擁有的主要合作者數量來進行測度。網路規模大代表著焦點企業與其競爭對手相比，具有更多的合作對象，形成了更多的合作關係，直接或者間接地掌握了更多的創新資源（Allen, 2000; Boase, Wellman, 2004）。可見，國內外諸多學者認為，網路規模是測量網路結構特徵的主要維度之一，本書選取它來設計企業創新網路結構特徵的量表具有較成熟的實證研究基礎。

3.2.2 網路異質性

路徑依賴性使得網路演變存在著遺傳性，創新發展則給網路演變帶來變異，這表明創新需要的是新的網路聯繫和合作夥伴。任勝鋼等（2011）認為，網路異質性可以代表創新活動中與企業發生聯繫的外部組織類型的多樣性，在一定程度上也決定了企業能夠獲得互補資源或異質資源的多少。網路規模大並不一定意味著網路異質性高，完全有可能存在網路規模大，但參與網路中的行為主體都屬於同一類型的，說明該網路異質性低；若是網路規模小，但參與網路中的行為主體都來自不同地域、屬於不同行業等，說明該網路異質性較高。儘管如此，網路規模越大，參與到企業創新活動中的行為主體越有可能具有更多差異。網路異質性的作用在於提供互補性資源，有利於實現多種創新要素的不同組合方式。因此，本研究將其作為測量企業創新網路結構特徵的指標之一。

3.2.3 網路開放度

網路經濟時代的來臨，企業將面臨更加模糊的組織邊界和持續降低的知識流動限制，日益減少的內部 R&D 依賴性，以及高度複雜的界面。網路經濟的演變給企業帶來了新的組織變化，而開放式創新正是建構在新的組織網路化關係基礎之上的。開放式創新模式意味著，企業可以從內部和外部獲取有價值的創意，其商業化路徑也可以從內部和外部進行。開放的本質是外部創造資源的獲取和利用，強調企業內外創新資源的整合（陳鈺芬，陳勁，2009）。網路開放度被認為是企業與網路外成員的聯繫程度，具體由網路成員多樣性，接受新成員意願和網路外新成員聯繫程度所構成（Romanelli & Khessina, 2005）。網路異質性和網路規模在一定程度上決定了網路開放度的高低，而網路開放度體現了網路內外成員共同交互的結果，有利於企業獲取多樣化的創新資源和新的創新思維，是測度企業創新網路結構的又一個重要特徵變量。這是因為，開放

度較高的網路具備的企業類型和數量都比較多，因而網路中也存在更多的資源、信息、知識、信息可供網路成員利用，企業在產品開發和技術創新過程中能夠以較低的經濟成本和時間成本獲取自身所需資源，實現競爭優勢。相反，如果企業所處的網路開放度較低，說明其可獲取資源、信息、知識和技術都比較有限，企業在創新過程中可能會面臨更多的障礙。

3.3 企業創新網路的關係特徵

關係特徵主要用來分析企業與其相關的網路主體在信息共享、相互合作關係的性質及狀態，通常包含關係強度、關係久度和關係質量這三個因素。關係強度主要測量企業網路中合作交流的頻度，關係久度反映了合作交流的穩定性，關係質量體現了合作交流中的企業之間的信任程度，這三個維度是衡量企業間獲取網路資源數量多少與質量高低的指針，代表了企業在網路中的關係嵌入性。

3.3.1 關係強度

關係強度一般是指組織間交往的頻率，用於比較組織間互動聯結的力量。關係強度（intensity）主要測量企業在創新網路中進行信息、知識、技術合作交流的頻度，實質上能夠反映組織成員獲取網路資源的能力、獲取資源質量高低的程度，具體可定義為主體之間互動頻度、互動久暫、親密性以及主體間的信任程度（Uzzi, 1997）。關係強度作為度量創新網路中重複交易關係的指針，代表了交易的社會性和企業在創新網路中的嵌入程度，是企業創新績效的一個重要影響因素。任勝鋼等（2011）認為，關係強度實質上反映的是企業在創新網路中與其他組織間的合作交流情況，並且體現了創新網路中企業間的相互信任程度。Granovetter（1985）認為，關係強度應該包含四個方面的內容，即感情強度、親密程度、互動的頻率和互惠交換的程度，根據聯繫程度和聯繫範圍的不同將關係強度分為強關係和弱關係兩種類型。強關係指焦點企業與其他網路主體聯繫緊密、合作深入，但是範圍較小，涉及的企業相對而言比較少。而弱關係指的是焦點企業與其他網路主體互動較少，聯繫相對而言沒那麼頻繁，但聯繫的網路主體更多，信息量的獲取也更大，形成了一種較為鬆散的網路結構。當前網路關係強度是一個在社會學、管理學諸多領域中受到極大關注的熱點概念。陳學光（2007）也認為，關係強度，也可稱之為「關係頻率」，

它代表著企業與參與到創新活動中的行為主體間發生的合作交流關係，用於衡量企業間交流頻率、資源投入、互利互惠等情況。本書選取關係強度作為描述企業創新網路關係特徵的指標之一。

3.3.2 關係久度

陳學光（2007）認為，關係久度是測量企業創新網路關係特徵的另一個維度，指企業間合作關係的穩定性和持久性，是判定彼此關係的時間跨度。武志偉（2007）認為，關係持久性反映的是關係的時間特性，應該包含兩個可以觀測的時間變量，比如雙方對彼此關係發展的預期等，也就是說雙方對此段關係的預期越好，表示關係久度越高。另有一些學者認為，企業間發生關係的時間跨度越長，表明彼此間的關係久度越高。由此可見，關係久度也是一個多維的構念。關係長度是成員一方與另一方所建立關係的時間持續長度。考慮到關係久度指標也是研究網路特徵的重要內容，本研究也選擇關係久度作為描述創新網路特徵的指標之一。

3.3.3 關係質量

關係質量是測度網路關係特徵的一個重要指標（Dorsch，等，1998；Kumar，等，1991，1995），反映出網路成員是否願意為預期目標付出時間和精力進行溝通，共同解決問題（Dyer & singh，1998）。關係質量的研究最早出現在市場營銷領域中，學者們側重於分析企業與顧客之間的滿意度、承諾度和信任等因素，此後，經濟與管理學領域對關係質量的關注逐漸增多，開始用於探索企業間合作關係問題。例如，Hall（1977）採用了關係質量來衡量企業間的交互作用，是否具有默契，是否達到較佳的配合。他認為關係質量就是行為主體間出於對自身利益需求和情感因素等，對彼此合作關係的滿意程度進行判定。多數研究圍繞著雙方的關係本質、關係的管理來構建各自的維度模型，信任、承諾與滿意是所有關係質量維度結構中的核心維度（姚作為，2005）。Naude 和 Buttle（2000）認為企業與合作夥伴之間的關係質量其實是一個多維度的構念，不能單單從一個方面來研究，需要結合創新活動中參與主體間的滿意程度、承諾程度、信任程度等指標來進行測量。根據現有文獻，大多數學者也支持了這一觀點。隨著企業邊界的日趨模糊化和競爭壓力的不斷增加，為爭取競爭優勢地位和擴大市場份額，企業將會註重彼此之間的協作，提高企業間合作的關係質量。考慮到關係質量是研究網路特徵的重要內容，本書借鑑了相關成熟量表並將其用於關係特徵的測量中，驗證關係質量與企業共生行為、技

術創新績效間的關係。

通過對企業創新網路的結構和關係特徵進行分析，本書初步明確了企業創新網路特徵的測量量表，為深入剖析「網路—行為—績效」的影響機理，提出技術創新管理模式奠定基礎。

3.4 本章小結

知識化、信息化、全球化的浪潮推動著產品創新如雨後春筍般不斷湧現，企業的技術創新活動依靠「單兵作戰」已不能打動消費者的心，贏得市場競爭優勢地位，而要通過自身編制起一張創新資源傳遞的關係網。企業根植於自身所構建的創新網路之中，並不斷與創新夥伴交換創新資源，共享與創造企業價值。企業所編織的這張創新網路逐漸具有結構和關係兩個方面的特徵。因此，本章著重分析企業創新網路的結構和關係特徵分析，這為企業創新網路結構特徵和關係特徵的測度，及實證分析企業創新網路對創新績效的影響機理奠定了基礎。

4 企業創新網路與技術創新績效的關係

國內外現有文獻表明，企業創新網路對技術創新績效的影響主要包括兩個方面：一是企業創新網路結構特徵對技術創新績效產生影響；二是企業創新網路關係特徵對技術創新績效產生影響。本研究從以上角度進行開展，著重分析了結構特徵、關係特徵與技術創新績效之間的關係。

4.1 結構特徵與技術創新績效間的關係分析

4.1.1 網路規模與技術創新績效

網路規模（network size）是衡量網路結構特徵的一個重要指標。網路規模大代表著焦點企業與其競爭對手相比，具有更多的合作對象，形成了更多的合作關係，直接或者間接地掌握了更多的創新資源。網路關係作為網路資源的載體，代表著企業所獲取的資源數量多少，企業與更多組織建立聯繫，擁有的網路關係就會越多，越能獲取有價值的信息和資源。國內外諸多學者的研究成果也論證了這一觀點，例如 Roberts 和 Hauptman（1986）研究發現，與外界保持更多合作與交流的生物醫藥企業會比同類其他生物醫藥企業更快研發出新產品。因此，企業在技術創新過程中，與其他企業建立聯繫越廣，合作與交流的頻率越高，企業擁有的網路關係也就相應越多，網路規模也就越大，往往能代表企業擁有更多的創新資源，突破創新活動的資源瓶頸。

4.1.2 網路異質性與技術創新績效

在促進產品開發和創造市場知識中，多樣性和流動性的企業創新網路具有

獲得更廣範圍的信息和資源的優勢。相反，只停留在與少數夥伴進行交換的水平可能阻礙企業獲取關鍵信息和新的機會，從而對創新形成一個屏障。

網路異質性主要從以下幾個方面影響技術創新績效：①企業在網路中與各個企業聯結後就形成一個結點，當聯結次數越多結點越大，說明企業所掌握的異質資源或互補資源越豐富，可有效整合創新資源，擴大信息和知識的流動範圍。②透過企業創新網路可以獲取大量的信息以應付日益變化的環境，因此必須維持異質性高的創新網路結構，以便提供源源不斷且多樣化的信息。③企業技術創新成功與網路異質性正相關，可能是因為企業擁有來自多個業務領域、多個地域的合作夥伴，便於企業獲取全面的新信息和新知識，給予了企業更多的選擇或更多種創新要素的組合。④不同網路聯繫方式對於不同知識的轉移與擴散各有不同的優勢，可以盡量減弱組織自身在技術、管理等方面不同階段的路徑依賴性。創新網路中不同企業之間的組織學習對於隱性知識（模糊知識）擴散較為有利，有利於創造新知識（Miller，等，2006）。因此，網路異質性也是企業技術創新成功的重要途徑之一。

4.1.3 網路開放度與技術創新績效

網路開放度對技術創新績效的影響存在正向和負向的爭議。在提出相關研究假設之前，本書對有關網路開放度影響後果的國內外相關實證研究及其結論進行了整理。結果表明，主流的結論是網路開放度對技術創新績效有正向影響。例如，Beckman等（2002）認為，網路開放程度越高，網路成員之間發生的合作範圍越廣，促進大量資源在共享平臺裡的自由流動，有利於企業獲取有價值的信息、技術和知識等創新資源，有效整合併化為己用，最終提高創新績效。如果開放度過低可能導致企業處於一種封閉的創新範式，無法獲取多樣化的信息和知識。因此，企業需要系統地鼓勵與探究廣泛的內外部資源，並有意識地將探究與企業的能力資源整合到一起，廣泛地多渠道地開發創新機遇。

4.2 關係特徵與技術創新績效間的關係分析

4.2.1 關係強度與技術創新績效

一些相關文獻表明企業間關係強度與創新網路績效具有相關性，關係強度已成為衡量企業創新網路關係特徵對技術創新績效影響的重要特徵變量。雖然理論界有部分學者證明了弱聯結對技術創新績效存在著顯著的正相關性，但多

數學者從正面角度闡述了關系強度對創新績效的作用，主要表現為以下方面：第一，強聯繫能夠促進信任與合作，而企業與企業在加強聯繫過程中所建立起來的信任機制，能夠規避聯繫過程中存在的一些弊端，提高企業彼此之間的默契程度（呂一博，蘇敬勤，2010），避免機會主義的出現（Rowley, Behrens & Krackhardt, 2000）；第二，信息知識交流的頻率影響著企業對顯性和隱性知識的獲取，在頻繁互動中促進知識交流，確保新知識的充分理解和掌握（Hansen, 1999）；第三，網路成員交互頻率越高，越容易形成一致的觀念和態度，加強信任感，利於企業吸收更精煉的、高質量的信息和隱性知識（Larson, 1992），隱性知識在網路成員不斷的溝通和互相學習中循環流動，促進了企業的資源互補、提高了網路成員間的協同作用（Bell, Tracey & Heide, 2009）；第四，強聯繫能夠刺激企業彼此之間進行更深層次的溝通和交流，在技術創新、管理組織等方面相互學習，各取所需，取長補短，有利於促進技術創新企業技術創新能力的提升以及提高企業的管理水平。相關研究表明，關係強度會對技術創新績效產生顯著影響。

4.2.2　關係久度與技術創新績效

國內外諸多學者展開了對網路關係持久度與企業創新績效之間相關性的實證研究。例如，Powell 等（1996）通過對美國制藥企業的縱向研究認為，如果企業之間保持較長的合作關係，對取得產品創新的成功是有益的。Uzzi（1997）在對紐約服裝產業的實證研究中指出，長久的合作關係可有利於提高技術創新績效。本書通過文獻梳理發現，企業之間保持著持久合作關係，將會增加彼此價值共享的空間，降低不確定性事件的發生率，更有利於企業應對環境的變動性。具體來看，關係久度對技術創新的影響包括以下幾個方面：一是縮短產品開發週期，提高產品推向市場的速度；二是增強網路成員之間的信任感和默契，容易理解彼此的行為，有助於降低監督成本；三是容易轉移和傳遞經營策略、邊際利潤和市場需求等深度信息，有利於推出滿足市場需求的產品或服務。這種隱性的互補信息或知識，往往嵌入個人和團隊之中，獲得這種深度知識的唯一途徑就是要保持持久的、穩定的合作關係。合作關係越穩定，關係的持續時間越長，企業之間的熟悉程度就會越高，企業能迅速找到最佳的路徑和方式，快速整合知識（Nooteboom, 2000）。這說明企業與其他組織之間的合作與聯繫越持久，整個網路合作的效率保持較高的水平，從而使得企業技術創新能力得到提高；並且，在持久和穩定的合作關係中，企業容易建立對彼此

的信任感，這會使企業對合作夥伴更加公開和透明，能夠交流一些更重要的知識和信息，使合作方共同解決問題，對技術創新績效有著積極的意義。

4.2.3 關係質量與技術創新績效

結合國內外學者研究成果來看，一般認為企業間關係質量對技術創新績效具有正向顯著影響，當企業間彼此信任時，願意共享信息和資源，積極地兌現承諾，有效整合雙方資源，合理解決衝突，因而決定了潛在價值的實現程度，提升技術創新績效。例如，Kaufman 等（2000）的研究發現，企業與客戶、政府機構、科研機構、供應商、競爭者、行業協會保持良好的關係，能夠有利於企業第一時間掌握行業動態、相關信息，促進知識與技術的更新，並在關係的維持過程中發現或者培養潛在的合作對象。與此同時，已有的供應商、顧客、科研機構等已經具備較好交流基礎，能夠在信息、知識、技術的交流過程中為企業提供新的思路、共享先進設備、聯合開發項目，等等。Hagedoom 等（1994）通過高新技術產業的案例研究發現，企業應該識別不同的客戶企業，加強同具有較強市場競爭力的客戶企業的溝通與交流，在技術、知識、信息等的流動與共享過程中，逐步建立彼此之間的信任機制，其作用在於獲取進入合作者市場的渠道，對實現企業技術創新成果順利轉化十分重要。關係質量作為一種資源，如果具有信任、忠誠的特徵，那麼這種關係維持的時間越長久，企業的持續競爭優勢就表現得越明顯。特別是研發週期較長的一些項目，其所需要投入的資本以及承受的風險都比較高，因此更加需要註重與合作夥伴的溝通與交流，才能及時獲取相關的重要信息，整合更多的可用資源。

4.3 本章小結

近年來，伴隨著互聯網經濟，產業化融合趨勢的擴大，各類 APP 應用正不斷滲透到「吃穿住行遊購娛工」之中。企業很少單獨進行創新，而更趨向於與用戶、供應商、大學和研究機構，甚至競爭對手進行合作與交流，獲取新產品構思或產品技術。國內外研究也強調企業在技術創新活動中利用企業創新網路的重要性。根據前人研究結論，可得到的主流觀點是：企業創新網路對技術創新績效有顯著正向影響。但現有文獻大多數側重於將企業創新網路作為外生變量，將技術創新績效作為內生變量，對其作用機理討論較少。目前，部分

學者已認識到研究的不足，並引入「網路能力」「知識轉移」「獲取網路資源」「知識共享」「吸收能力」等作為仲介變量到企業創新網路關係特徵與技術創新績效之間，分析其內在作用機理，試圖打開這個黑箱。本章借鑑前人研究結論，梳理了企業創新網路結構特徵、關係特徵與技術創新績效間的關係，為進一步挖掘三者間關係奠定了基礎。

5　共生行為的界定

5.1　共生行為的內涵與特徵

詹姆斯・穆爾（1996）認為，組織與組織之間、組織與個人之間通過各種有機的連接形成系統，在這個系統內，組織和個人相互影響、相互作用，共同演化，近似於自然生態系統。因此，他引入了生態學理論，提出了「商業生態系統」概念，分析了企業與企業間相互依存、互相競爭的關係，分析了企業與環境共同演化的過程，開拓了競爭戰略研究的視角。1998年，袁純清提出共生理論，直接將生物學的共生概念及相關理論向社會科學拓展。他以小型經濟為研究對象，提出了共生的概念，分析了概念的內涵與外延，研究了共生主要的構成要素，包括三個維度：共生單元、共生模式、共生環境。繼穆爾和袁純清之後，國內諸多學者試圖將生態學理論滲透到經濟管理研究甚至是技術創新管理研究領域中。例如，李玉瓊（2007）借鑑了生態學相關研究理論，構建了企業生態系統，研究了系統內企業間創新活動過程中的相互關係與作用路徑，分析了其共生機理。類似地，蔣軍鋒（2010）將不同層次創新網路和核心企業之間的共生演變關係納入一個競爭—合作的框架中並且模型化。依據第二章對共生理論及其相關研究的梳理，本書將共生行為定義為企業在發展過程中與其他組織所發生一系列互利合作、價值共享行為的集合。結合現有研究成果，本書總結出共生行為具有以下方面的特徵。

5.1.1　競爭與合作特性

市場是依靠競爭而運作的，而企業是依靠協作來運行的。市場能夠將資源進行最有效率的分配是因為市場只註重結果、不註重過程，但是企業卻不同。對於企業而言，很多資源和信息都是相對匱乏和不對稱的，要解決這種不均衡

問題更需要的是協作而非競爭。共生行為強調的是共生單元之間的相互吸引、相互合作、相互補充以及相互促進（劉榮增，2006）。共生行為具有極大的包容性、互動性和協調性（胡曉鵬，2009）。但是，這並非意味著企業共生行為不具備競爭特性。有的時候企業之間單純的合作並不能達到兩者的目標，這時會造成一定程度上的競爭，這種競爭將會創造更多的價值，帶來企業的共同演化，才能促成企業在下一個新的階段進行協作，共享更多的企業價值。Kogut (1989)，Park 和 Russo (1996) 認為合作與競爭既對立又統一，企業由於資源與能力的不足以及信息的不對稱性，為了提高自身的競爭力，需要加強與其他企業的合作，合作是為了更好的競爭；與此同時，資源和能力又是稀缺的、市場份額是有限的，企業在與其他企業的合作過程中，必然會面臨著資源的競爭、市場的競爭，為了贏得競爭又需要更好地合作。合作與競爭相輔相成，缺一不可。

5.1.2 融合性

技術融合對於企業發展而言是一種趨勢。技術融合發生在高新技術產業中表現為同一行業或不同行業的企業在知識技術上的相互交叉、相互滲透，逐漸融為一體，形成新的產品或工藝。這種在技術創新過程中所表現出來的相互學習、彼此互補其實質就是一種共生行為。從技術同質性上來看，包括同類產業的不同業務模塊或不同類產業的合作關係，以及同類產業或相似產業的業務模塊所形成的合作關係。從實現方式上來看，共生行為的融合性體現在產品供需、業務模塊組合、技術互補等。融合是共生行為的前提，沒有融合就沒有共生關係。比如，智能手機開發和 Andorid 系統開發的共生關係就表現為業務模塊組合與技術互補，智能手機的開發為安卓系統的研發提供了應用平臺，安卓系統的研究為智能手機的開發提供了設計思路，他們二者在研發過程中相互聯繫、高度融合、價值共創。可見，企業往往通過自身的核心能力（即主質參量）與外部組織進行兼容和互補，不同企業的核心能力之間需要交接、協調與融合，這個過程將會產生大量的界面管理問題，這就是共生界面擴展所要關注的問題。而共生界面是否暢通取決於各個企業核心能力之間的協調、整合與優化情況。因此作為聯盟各企業的經營者在決定是否加入聯盟，以及與誰聯盟的時候，必須思考企業之間核心能力的匹配性，考慮企業之間資源的互補性，以確保企業之間的共生度足夠大而共生界面足夠小，實現共生能量的盡可能增值，並最終最大限度地激勵各合作企業（共生單元）加強交流與溝通，保持「共生界面」的通暢，實現「共生進化」。

5.1.3 穩定性

共生界面指的是企業間在合作、溝通、交流的過程中,「物質、信息、能量流動的媒介或者說是載體,是共生單元的接觸方式和機制的總和,是共生關係形成和發展的基礎」(袁純清,1998)。共生界面存在內部和外部界面之分。外部界面指的是企業間由於發生契約聯接、實體聯接或建立虛擬組織等,產生的研發、生產或銷售環節的對接,而內部界面指的是企業內部的各項業務之間的對接。例如,從技術創新成果的研發到擴散是一個整體過程,不僅僅需要企業內部各個部門間(包括R&D、生產和銷售)的有效配合,在高效通暢的合作關係中實現技術創新成果的研發與推廣,也需要企業與外部組織間共享和整合資源,互補競爭優勢,以達到技術創新的成功。例如,有的企業採用共建實體或虛擬組織的方式來穩定彼此間的合作關係,增強信任感,最大限度地發揮資源利用效率。可以說,企業內外部界面優化與維護都是屬於共生行為的一種具體表現,為企業技術創新活動的穩定開展提供了保障,也促進了企業間合作關係持續健康的發展。

5.1.4 增殖性

共生能量的不斷交換是共生行為的基本原理之一,也是共生單元和共生體實現價值(或能量)增殖的必要條件。共生行為的增殖性在企業經營管理實踐中,具體體現為附加價值的提高,其具有多種實現形式:以業務聯結為導向的共生行為,其關鍵在於提高企業共生行為過程中的配合默契程度,在業務合作過程中形成模塊,便於業務聯結,帶來各業務模塊的附加價值;以知識創新為目標的共生行為,主要是在企業合作過程中通過信息、知識、能量的流動與共享從而提升企業的核心能力與技術水平、提高企業的市場佔有率,使企業的營業額不斷提高,從而獲得了市場份額的附加價值;以供求關係為導向的共生行為主要在於促進了技術專業化程度的提升,帶來了專業化程度的附加價值。例如,蘋果的軟件開發外包可以為蘋果節省技術研發的費用和時間,將資本專門投入自己的核心技術中,獲得超越其他企業的競爭優勢,在與相關軟件服務商的配合下,整合企業內外部技術和知識,實現了多種創新要素的不同組合模式,能夠快速地開發出新產品滿足市場需求;並且,借助蘋果搭建的創新網路平臺,為蘋果提供軟件服務的開發商不僅實現了盈利,還獲得了蘋果的知識溢出,提高了自身技術創新能力。可見,企業共生行為是為了滿足互利、增殖的需求。但是,由於企業資源稟賦和核心能力的不同,共生關係中的能量分配所

帶來的增殖性並不一定都是對稱的，也可能是偏利或非對稱的。對企業而言，這種增殖性在企業發展的不同階段下或企業所處的不同環境中也會有不同。

5.1.5 效率性

共生理論認為，共生界面特徵值 λ 值越小，表明共生界面為共生單元之間的物質、信息及能量的流動提供更為通暢的媒介和平臺。反之，如果共生界面上的物質、能量和信息阻滯，就會導致企業之間的能量交換不足，不利於共生新能量的產生，最終導致共生關係的衰亡。針對企業信息阻滯的問題，吳飛馳（2000）認為，如果企業只關注自身的核心競爭能力以及核心能力領域的相關信息，而忽略其他領域的重要信息，就會導致信息阻滯，企業間很難形成真正有效的溝通，各種優質信息只能滯留於自身企業的周圍，導致共生介質增加，進一步阻礙企業間的物種、信息、能量的流動，阻礙企業間的合作與交流，無法實現資源共享、優勢互補，並導致合作關係的衰亡。所以，經營者必須站在戰略的高度，註重各企業間的信息黏滯現象，暢通共生界面，確保企業「共生進化」。技術創新是一項貫穿整個企業的系統工程，它需要一個行之有效的信息傳遞網路，它將直接影響研究開發活動的時滯性和靈活性（張穎，謝海，2008）。良好的流動性是創新網路擴張的前提，網路擴張應當在一定流動性的基礎上，形成由制度所代表的穩定關係（Bernard, Redding, Schott, 2007）。在保持自身知識差異的基礎上，創新主體可以在知識上相互接近，並且在組織和市場層面相互學習。

5.2 共生行為的分類

從企業創新網路和共生理論的角度來看，高新技術企業與外部環境存在著物質、信息、知識等的交互作用，構成了縱向和橫向的創新網路。企業創新網路由多個主體構成，包括供應商、顧客、企業、政府、科研院校、金融機構等，這些主體又被看作「共生單元」，他們不斷與企業發生交互作用，實現了企業間的優勢互補和創新資源共享。這些創新資源通過共生界面進行傳遞、交換，產生共生能量並使用。共生單元會對共生能量和共生界面等要素進行談判，判斷是否進一步共生。如果共生單元認為共生能量分配和共生界面擴展在可調整範圍內，那麼共生單元間將進行再談判，可通過共生能量分配來提高共生行為的增殖性和效率性，通過共生界面擴展來提高共生行為的兼容性和穩定

性等，調整共生行為，以便適應企業創新網路環境的轉變。

可見，共生能量分配和共生界面擴展這兩種共生行為是任意二維共生體系建立共生關係的前提條件，對於解釋企業共生行為的差異性具有重要意義。本書將企業共生行為劃分為共生能量分配和共生界面擴展兩個維度，這對企業共生行為的量化研究奠定了基礎。

5.2.1 共生行為擴展

界面管理是技術創新管理中的一個重要問題，國內外諸多學者已在這方面取得一定研究成果。如，Souder 和 Chakrabarti（1978）的調查發現，當 R&D—市場營銷界面存在嚴重的管理問題時，68%的 R&D 項目將在商業化上完全失敗。Michael B. Beverland（2005）認為 R&D—生產製造界面管理良好能夠有效提升企業的創新能力和績效。郭斌（1998）指出「R&D 邊際化」（marginalization of R&D）問題是由於 R&D、市場營銷、生產製造、工藝設計等環節之間存在較大的界面障礙，導致知識和信息流動不暢，最終造成 R&D 資源浪費，生產製造成本過高以及創新擴散困難等。從界面管理角度來分析企業技術創新管理，能夠較好地剖析創新過程中的交流阻力、資源傳遞效率等問題（郭斌，1999；徐磊，2002），但是卻很難判斷企業與創新夥伴之間潛在的合作方式、合作機制等對技術創新績效的影響。例如，該企業與合作夥伴之間合作方式單一或多樣，共享資源單一或多樣，資源分配機制單向或雙向等會導致創新績效的提高還是降低，這些問題可以從共生理論的角度來解讀。

張雷勇等（2012）認為，產學研共生網路實際上等同於一種企業與外部科研組織之間的共生關係。這種關係的存在依賴於信息、知識和技術等資源交換行為，需要以虛擬的共生界面為載體來完成資源共享與交流。並且，這個共生界面也會受到來自內部和外界的衝擊，任何衝擊都會在共生界面上形成阻礙，會影響到資源的交換效率，需要企業與科研組織共同解決界面上的交流阻力問題。如圖 3-3 所示，X1 指的是共生環境中的物質和能量輸入到外部科研組織中，Y1 是外部科研組織將自身的能力和資源轉化為成果輸出到共生環境之中，X2 是企業從共生環境中獲得的資源，Y2 是企業將自身的能力和資源轉化為成果輸出。圖中的 Z1 代表企業投入科研組織的資源，Z2 則代表科研組織向企業輸出的資源。

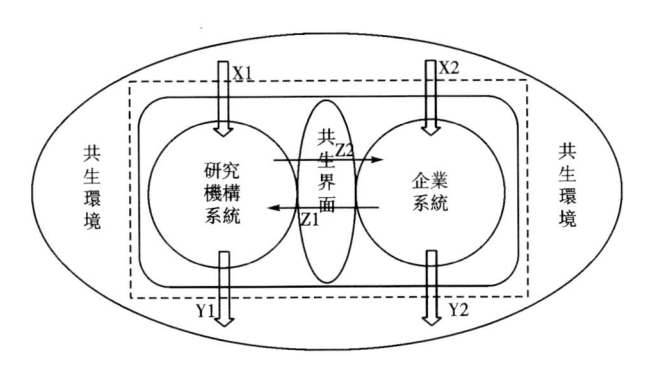

圖 3-2　產學研網路的共生界面

資料來源：張雷勇，馮鋒，肖相澤，付苗.產學研共生網路效率測度模型的構建和分析：來自中國省域數據的實證［J］.西北工業大學學報（社會科學版），2012，32（3）：43-49.

易志剛、易中懿（2012）認為共生界面實質上是一種通道，通過這個通道，共生系統內的物質、信息、能量等關鍵資源形成有效的流動，最終實現共生系統的均衡。它主要具有五個方面的特性，包括能量傳導、信息轉移、物質交換等，這些特性實際上表現出企業與外部組織之間的共生關係和合作行為，為彼此間共享和創造資源提供了一個集成平臺，將異質性和互補性資源集成到一起，每個參與主體各取所需，互補優劣勢。並且，在實現自身價值增殖過程中，也推動了資源共享與創造平臺的演化，自覺維護著平臺的穩定與發展。

共生理論認為，共生界面在共生關係的形成中起到極其重要的作用，共生單元只有通過共生界面才能進行知識和信息的交換、傳遞。共生系統內根據共生單元之間的交流和溝通頻度所形成的共生關係數量和構成了數量不等的共生界面，並且共生界面並不是一成不變的，隨著共生關係的改變，共生界面也會變化甚至消亡。共生界面是指由一組共生介質構成的共生單元相互作用的媒介或載體（袁純清，1998）。而在企業創新網路中，共生界面是指企業之間構成了由一組共生介質組成的創新資源共享與創造平臺。共生界面擴展是指企業對創新資源共享與創造平臺的搭建、維護和優化，它是共生行為的重要屬性之一，從平臺意識清晰性、共生介質豐度兩個方面決定了企業創新網路的融合性和穩定性。

平臺意識是指企業主動地而非被動地搭建創新資源共享和創造平臺。平臺意識清晰性是指企業搭建創新資源共享和創造的平臺時具有清晰的戰略和方案。平臺意識包括定期審視企業與各個創新夥伴的關係，制定共生界面發展方向，以及制定共生界面優化方案等。例如，豐田組建供應商協會、顧問團隊和員工輪換，讓供應商參與豐田創新網路的優化（肖洪鈞，趙爽，蔣兵，

2009)。清晰的平臺意識能夠幫助企業創新網路實現共同演化，提高共生界面的穩定性。

共生介質是創新資源的載體，共生單元之間的信息、知識傳遞需要共生介質作為仲介來實現，相同共生單元之間相互關係的所有介質的有機結合就構成一個共生界面（袁純清，1998）。它具有專用性，不同共生介質具有不同的媒介功能。共生介質豐度是指共生界面上存在多個不同種類的共生介質，以利於共生介質的互補，擴展創新資源來源的渠道。企業共生界面上的共生介質是多重的（Freeman C，1991；沈必楊，池仁勇，2005），首先是契約共生，即共生單元在共生系統內實現技術、知識、信息等物質能量的溝通和交換，而這些溝通與交換需要契約作為對彼此行為的約束和利益的保障，比如，合作 R&D 協議、技術轉讓協議、技術交流協議、許可證協議、租賃服務協議等。其次是流程共生，即共生單元有時依靠個體的力量無法提供滿足市場需求的產品，因此在共生系統內按產品要求與其他共生單元分工合作，形成生產銷售流程，比如，分包、生產分工和供應商、廣告協作、共同銷售。三是共建實體，資金實力較強的企業可以通過直接投資的方式建立實體，共同技術攻關，共享研發成果。比如，合資企業和研究公司。四是虛擬組織。如戰略聯盟、研究協會、產學研聯盟等。值得注意的是，四種共生介質的存在並非排他的，而是共存的。共生介質種類越豐富，創新資源來源越多樣，共生界面的兼容性越高。在共生界面上的共生介質越豐富說明企業之間的接觸面越大，接觸形式越多樣，所獲得的信息和知識等創新資源就越豐富。

5.2.2 共生能量分配

共生能量是共生單元通過共生界面所產生的物質成果，是共生系統生存和增殖能力的具體表現（袁純清，1998）。企業創新網路中的共生能量主要是指企業與創新夥伴通過共生界面共享或創造的物質和非物質成果，主要包括技術、知識和信息等創新資源。共生能量分配（胡浩，李子彪，胡寶民，2011）是指企業對技術、知識和信息等創新資源的優化配置行為，從資源豐度和傳遞密度兩個方面決定了企業創新網路的均衡性、增殖性和效率性。

資源豐度是指創新資源的種類數量。共生單元通過共生界面實現知識、信息的流動，傳遞的知識和信息越多樣，越有利於創新績效的提高；反之，傳遞的物質和信息越單一，越不利於創新績效的提高。信息豐度改進對企業共生界面是一個重要測量指標。企業間共享信息越豐富，在解決界面問題時越容易，當企業的信息豐度持續達到一定的臨界值後，企業與其他企業之間的共生界面

更寬廣，共生度更高，更有利於完成彼此的協同配合，所以銀行業往往以最低臨界信息豐度來判斷企業的信貸風險程度（何自力，徐學軍，2006）。信息豐度與分配系數是衡量共生關係的重要指標。銀企共生關係的改進，在很大程度上是基於信息豐度改進，例如關係貸款等，而在技術創新領域則主要是基於技術知識等創新資源豐度的改進。

傳遞效率是指在單位時間內，企業與創新夥伴之間傳遞的創新資源總量。創新的效率很大程度上取決於信息的廣度與有效程度，而網路正是影響信息廣度與有效程度的重要因素（王國順，劉若斯，2009）。企業與其他合作夥伴基於契約交易或社會聯結彼此互動，這種互動關係與企業創新行為產生作用，形成了企業創新網路。企業創新績效不僅取決於創新網路的規模、開放度、異質度等，更取決於企業之間的相互關係（曹麗莉，2008）。

5.3　本章小結

企業創新網路環境中，企業不再把自己當作是單獨作戰的士兵，而是把企業創新網路看作是一個共生體，而自己則是共生體中的一個結點，隨著共生體指引的方向，不斷實現能力提升和角色演進。在企業搭建的創新網路內，企業、高校、科研院所、地方政府、仲介機構之間在共同利益和各自利益的基礎上，通過共生能量分配（知識和信息的輸入和輸出）、共生界面擴展（減少知識和信息交流阻力、豐富知識和信息獲取來源）等共生行為來提高企業技術創新能力。

本章闡述了企業共生行為的內涵與分類。根據共生原理，企業共生行為包括兩個重要屬性，即共生界面擴展和共生能量分配。這奠定了企業共生行為的量化研究基礎，為構建本研究邏輯框架奠定基礎，為剖析企業創新網路、共生行為與創新績效之間的影響機理提供了前提條件。

6 「NCP」理論研究模型

根據前文的內容和假設提出，本章構建了本研究理論模型，並對研究假設進行了闡述。

6.1 構建研究模型

20世紀末期，中國出現了很多高新技術產業園區，比如中關村科技園、中新蘇州工業園、上海張江高新技術產業開發區和溫州高新技術產業開發區，等等。這些高新技術園區往往是由政府帶動或龍頭企業拉動的，為高新技術企業構建企業創新網路提供了有利的外部條件。同時，近年來企業陸續湧現出各種網路化組織形式，如產學研合作、技術聯盟、委託分包和虛擬組織等。在這種情況下，高新技術企業要抓住贏得競爭優勢的機遇，單單依靠自然資源的壟斷或者從政府那裡獲取有限的資源，已不能更好地支撐其發展。為有效整合創新資源，企業需要與各種利益相關者結成關係網。並且，縱觀技術創新管理理論七十多年來[1]的發展歷程，為適應企業外部環境和時代背景的變化，企業對技術創新管理的需求也逐漸發生了改變，具體表現為從技術活動的單一階段轉向全過程，從單項活動轉向多項活動的集成，從靜態線性模式轉向動態網路化。Rothwell 曾指出企業的創新模式將從第一、二代的簡單線性模式、第三代的耦合模式、第四代的並行模式向第五代系統的一體化與廣泛的網路化模式逐步發展。傳統的線性管理模式局限於企業的技術拉動或市場需求拉動模式，即企業僅僅重視市場需要的和具備實現這種需要的技術手段。但目前技術創新面臨諸多複雜性，往往需要跨學科，跨地區的合作才能夠實現，甚至那些大型企

---

[1] 註：自熊彼特20世紀40年代提出創新動力論之後。

業也無法單獨行事。隨著企業技術創新活動越來越具有網路化和生態化特徵，企業不再僅僅偏重於內部資源管理或線性的技術創新管理思想，技術創新研究視角需要從傳統商業環境中轉變到網路化、無邊界的商業環境中來，傳統技術創新管理研究視角需要「觸景生情」，技術創新管理研究範式也需要「移情別戀」。這說明高新技術企業技術創新管理觀念應該相應地發生轉變，企業技術創新活動逐漸呈現出新趨勢——網路化。伴隨著技術創新活動的網路化趨勢，企業創新網路逐漸形成。與傳統的線性管理模式不同的是，企業創新網路管理模式則側重於企業與其外部組織之間的資源交換與共享，異質資源的互補與共享，避免了資源的重複開發，比如，科研機構常常為企業輸出技術知識、前沿信息、研發骨干和設備。而企業則專攻產品設計、工藝流程和市場推廣，這種協作過程有助於實現企業與其他組織之間的價值共享與創造，提高技術創新活動的運行效率，造成越來越多的企業打破了線性創新管理模式，轉向創新網路模式。

繼 Freeman、Granovetter、Håkansson、Burt 等學者以後，許多學者越來越關注企業創新網路，並對其形成、聯結機制、演化與治理，以及企業創新網路結構特徵和關係特徵對技術創新績效的影響作用進行了探討。例如，如 Uzzi（1997）認為緊密的網路關係中，會產生經營策略、邊際利潤、市場需求狀況等資料的細膩信息轉移，有助於組織間的深度互動，對組織生產管理方式與技術創新的能力產生影響。Schilling 和 Phelps（2007）採用相關的實證研究方法，探索了創新網路的網路特徵對於組織創新能力的影響機理。結果表明企業創新能力的高低與它所處的創新網路的集中度和關係強度有關。近年來，國內許多研究也強調企業在技術創新活動中利用企業創新網路的重要性。企業很少單獨進行創新，而更趨向於與用戶、供應商、大學和研究機構甚至競爭對手進行合作與交流關係，獲取新產品構思或產品技術（池仁勇，2005；何亞瓊，秦沛，2005；任勝鋼，等，2011）。根據前人研究結論，可得到的主流觀點是：企業創新網路對技術創新績效有顯著正向影響。但現有文獻大多數側重於將企業創新網路作為外生變量，將技術創新績效作為內生變量，對其作用機理討論較少。目前，部分學者已認識到研究的不足，並引入「網路能力」「知識轉移」「獲取網路資源」「知識共享」「吸收能力」等作為仲介變量到企業創新網路關係特徵與技術創新績效之間，分析其內在作用機理，試圖打開這個黑箱。關於企業創新網路特徵與技術創新績效之間存在的「黑箱」指引我們進一步探索。我們發現從企業創新網路的角度來分析企業技術創新管理，雖能較好地剖析技術創新過程中企業與合作夥伴之間的交流頻度、關係持久性、信任、滿意、承諾等問題，但卻很難判斷企業與合作夥伴之間潛在的合作方式、

共享創新資源種類和數量、創新資源的傳遞效率等究竟對技術創新績效產生正向或負向影響。例如，該企業與合作夥伴之間合作方式單一或多樣，共享資源單一或多樣，資源分配機制單向或雙向等會導致創新績效的提高還是降低。本書基於以上沒有解決的問題，試圖從共生行為的視角進行研究。創新在某種程度上是共生體的集體努力，而非企業單獨完成的。企業創新網路環境中，企業不再把自己當作是單獨作戰的士兵，而是把企業創新網路看作是一個共生體，而自己則是共生體中的一個結點，隨著共生體指引的方向，不斷實現能力提升和角色演進。在企業搭建的創新網路內，企業、高校、科研院所、地方政府、仲介機構之間在共同利益和各自利益的基礎上，通過共生能量分配（知識和信息的輸入和輸出）、共生界面擴展（減少知識和信息交流阻力、豐富知識和信息獲取來源）等共生行為來提高企業技術創新能力。企業根植於特定的企業創新網路之中，通過與其他結點企業相互協作，協調價值網上的各個環節，形成特定的共生行為模式。在這種情況下，企業技術創新行為逐漸呈現出生態化特性，知識和信息在企業創新網路內進行不斷地重新配置，並出現疊加效應，促進企業創新網路共生能量的增加。

　　企業創新網路為企業搭建了一個知識互動、信息共享的平臺，但企業如何利用這個平臺也是一個重要影響因素。企業創新網路是一個複雜的系統，網路中各要素之間存在非線性的相互作用，在其作用過程中伴隨著隱性知識和顯性知識的傳遞、擴散和融合，高新技術企業利用共生行為可有效獲取和整合創新網路的資源。企業共生行為促進了知識擴散和知識創造，從而使得處於創新網路中的企業較其他企業具有更強的技術創新優勢。企業共生行為可發揮幾個方面的作用：首先，能夠快速感應，即具有環境變化的敏感性和主動性，以有效適應企業所處的外部環境，憑藉充分的互動得以提前採取應對措施；其次，能夠有效協調創新網路中各個主體、客體和環境之間的關係，維持物質流、信息流和能量流的傳遞，並與企業戰略目標相匹配；最後，快速有效地調動創新網路中的技術、市場等資源，並與企業內部資源產生互動，以盡可能小的交易成本和盡可能高的資源整合效率來實現組織目標。

　　在技術創新網路化進程中，高新技術企業通過協作研發、技術標準合作等與供應商、科研機構、顧客、競爭者等存在著相互交織的多維影響關係，組成企業創新網路系統，它包含知識、信息的眾多交互作用，具有非線性、協同性和共進化性等特徵。而共生理論是一種具有系統性的模擬生態行為的理論和方法。它能夠從系統整體出發，在系統內部尋找相關影響因素。用共生理論來研究高新技術企業創新網路應當具有很好的適用性及發展趨勢預測性。

為此，本研究基於企業創新網路理論、共生理論和技術創新管理理論等，引入了「共生行為」作為仲介變量，構建了「企業創新網路結構（network）—共生行為（conduct）—技術創新績效（performance）」分析框架（如圖6-1所示），為挖掘企業技術創新的外部推手，打開企業技術創新的內部黑箱，提供了一套分析工具。接下來，本書將依據此研究模型提出相關研究假設，並在第7章運用多元統計分析法和結構方程建模來進行實證檢驗。

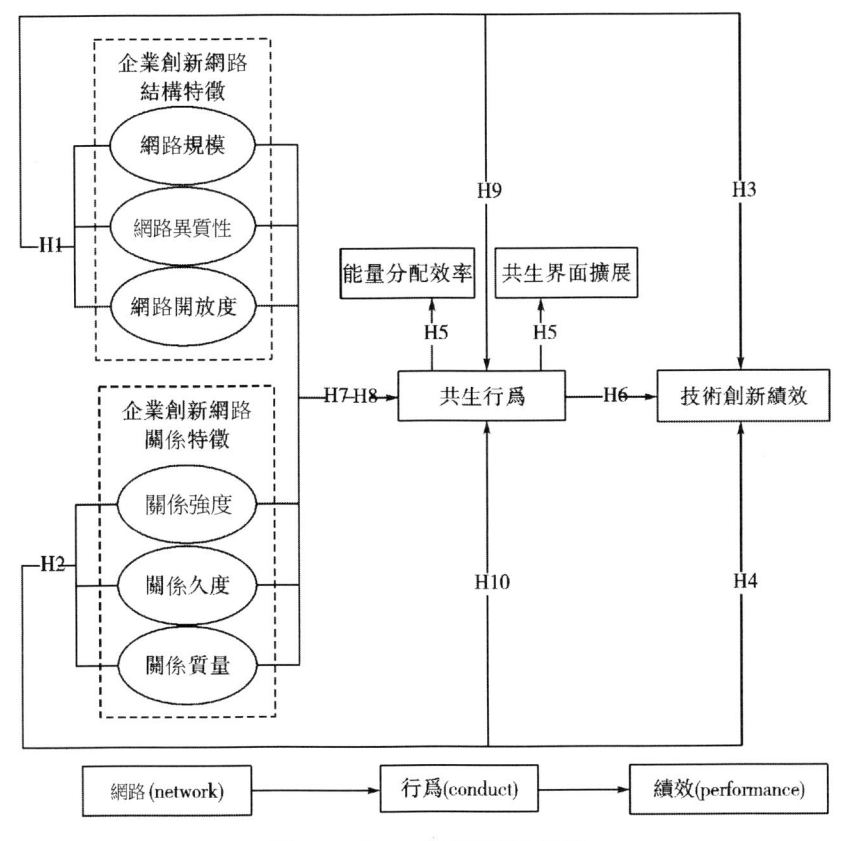

圖 6-1 「NCP」理論研究模型

基於該分析框架，本書共提出10個研究假設，詳見表6-1。

表 6-1　　　　　　　　　　研究假設匯總表

序號	研究假設
H_1	企業創新網路結構特徵可由網路規模、網路異質性和網路開放度三個維度構成
H_2	企業創新網路關係特徵可由關係強度、關係久度和關係質量三個維度構成

表6-1(續)

序號	研究假設
H_3	企業創新網路結構特徵對技術創新績效具有顯著正向影響
H_4	企業創新網路關係特徵對技術創新績效具有顯著正向影響
H_5	共生行為可由共生界面擴展與共生能量分配兩個維度構成
H_6	共生行為對技術創新績效具有顯著正向影響
H_7	企業創新網路結構特徵對共生行為有顯著正向影響
H_8	企業創新網路關係特徵對共生行為有顯著正向影響
H_9	共生行為在企業創新網路結構與技術創新績效之間具有仲介作用
H_{10}	共生行為在企業創新網路關係與技術創新績效之間具有仲介作用

資料來源：據本研究整理。

6.2 提出研究假設

為進一步探析企業創新網路、共生行為與創新績效之間的影響路徑，本書依據「NCP」研究模型，提出了如下研究假設。

6.2.1 結構特徵與技術創新績效

6.2.1.1 企業創新網路結構特徵的構成

通過現有文獻發現，國內外學者對企業創新網路結構特徵的測量多採用三個指標，即網路規模、網路異質性和網路開放度。例如 Burt（1983，1992）從網路規模、網路開放度兩個維度測量的企業創新網路的結構特徵。此後，Powell（1996），Beckman 等（2002），Batjargal（2003），Andreas（2010），鄔愛其（2004），任勝鋼（2011）等學者主要從網路規模、網路異質性和網路開放度維度對企業創新網路結構進行了研究。可見，網路規模、網路異質性和網路開放度指標對企業創新網路結構特徵的測量較具有代表性，本研究主要從這三個方面來測量企業創新網路結構特徵。據此，提出研究假設 H1：企業創新網路結構可由網路規模、網路開放度和網路異質性三個維度構成。

6.2.1.2 企業創新網路結構特徵對技術創新績效的影響

根據國內外現有理論成果，企業創新網路結構特徵對技術創新績效的作用

主要表現在三個方面。①網路規模對技術創新績效的影響。通過製造業、醫藥行業、電子及通信行業的大量調研結果表明網路規模越大，焦點企業越具有更多的合作對象，直接或者間接地掌握了更多的創新資源。因此，企業在技術創新過程中，與其他企業建立聯繫越廣，企業擁有的網路關係也就相應的越多，網路規模也就越大，往往能代表企業擁有更多的創新資源。②網路異質性對技術創新績效的影響。相關研究表明，企業在創新活動的過程中，需要更多的技術支持、信息輸入、資源互補，這就對企業擁有的合作夥伴的多元化提出了更高的要求（McEvily, Zaheer, 1999）。並且，多樣化的合作夥伴關係必然導致創新網路資源的多樣性，資源要素通過不同的組合與配置，能夠為企業提供不一樣的技術創新視角以及創新方法，提高技術創新績效（Franke, 2005）。③網絡開放度對技術創新績效的影響。網路開放度是企業與網路外成員的聯繫程度（Romanelli & Khessina, 2005），體現了網路內外成員共同交互的結果，有利於企業獲取多樣化的創新資源和新的創新思維。這是因為，與競爭對手相比，企業擁有多樣化和流動性的合作夥伴更有利於獲取廣泛的新知識和新信息，而停留在少數和固定的合作夥伴中的企業容易導致信息滯留和缺乏發展機遇的問題。

基於上述分析，本書提出研究假設 H3。

H3：企業創新網路結構特徵對技術創新績效具有顯著正向影響。

6.2.2　關係特徵與技術創新績效

6.2.2.1　企業創新網路關係特徵的構成

國內外學者主要是從關係強度、關係久度和關係質量這三個維度來測量企業創新網路的關係特徵。例如，Gilsing 和 Nooteboom（2005）認為網路關係包括關係穩定性、關係久度、交互頻率、控制、信任與開放等。陳學光（2007）也認為關係強度、關係穩定性和關係質量是企業創新網路關係特徵的重要因素。可見，關係強度、關係久度和關係質量指標對企業創新網路關係特徵的測量較具有代表性。因此，對於企業創新網路關係特徵的測量，本研究假設主要從以下這三個方面來提出：

H2：企業創新網路關係可由關係強度、關係久度和關係質量三個維度構成。

6.2.2.2　企業創新網路關係特徵對技術創新績效的影響

國內外現有研究成果表明，企業創新網路關係特徵對技術創新績效的作用主要表現在三個方面。①關係強度將有利於溝通，增加信任感，促進顯性與隱

性知識的吸收，避免機會主義行為等問題，對技術創新績效具有顯著影響（Larson，1992；Hsu，2001；呂一博，蘇敬勤，2010）。②Uzzi（1997）、Nooteboom（2000）等學者認為，企業與合作夥伴間保持著穩定而長久的聯結關係有利於增強彼此信任和默契，降低監督成本，快速瞭解消費者需求，將技術創新成果順利轉化，實現技術創新的成功。而且，合作關係越穩定，合作持續時間越長，成員之間越能夠基於信任感而相互理解，快速處理合作中的衝突，從而有利於技術創新績效的提高。③在電子設備產業（Zaheer，McEvily & Perrone，1998）、高新技術產業（Hagedoom，等，1994）等的調查結果中顯示，企業間關係質量對技術創新績效有正向顯著影響，在良好的合作關係中，供應商、客戶等創新夥伴更願意與企業共享信息和資源，為企業的技術創新活動提供新的思路、共享先進設備、聯合開發項目，並且能夠更積極地兌現承諾，有效整合雙方資源，合理解決衝突。可見，企業與有市場吸引力的客戶企業建立具有忠誠感、信任感和承諾特徵的良好的合作關係，能夠幫助企業獲取進入合作者市場的渠道；與有競爭實力的供應商建立良好的合作關係，則能夠為企業提供更先進的技術設備和高質量的原材料，對提高技術創新績效具有十分重要的作用。

企業創新網路為企業提供了一個知識共享與創造的平臺，有益於企業技術創新績效的提高。基於上述分析，本書提出研究假設 H4。

H4：企業創新網路關係特徵對技術創新績效具有顯著正向影響。

6.2.3 共生行為與技術創新績效

處於企業創新網路中，企業與其他網路成員之間存在非線性的相互作用，在其作用過程中伴隨著創新資源的傳遞、擴散和融合，企業利用共生行為可有效獲取和整合創新資源。共生行為促進了創新資源的共享和創造，使得處於創新網路中的企業較其他企業具有更強的技術創新優勢。共生行為可由兩個維度構成，即共生界面擴展和共生能量分配。共生能量分配和共生界面擴展這兩種共生行為是任意二維共生體系建立共生關係的前提條件，對於解釋共生行為對技術創新績效產生的影響具有重要意義。

6.2.3.1 共生界面擴展對技術創新績效有顯著影響

一是平臺意識清晰性對技術創新績效產生影響。如果企業定期審視企業與各個創新夥伴的關係，制定創新資源共享和創造平臺的發展戰略，註重平臺優化和維護工作，那麼該企業將比其他企業占據更重要的網路位置，獲取到更重要的信息和資源。因此，共生界面擴展度越高，共生界面上共生介質越多樣，

平臺意識越清晰，共生阻力越小，技術創新績效就越好。二是共生介質豐度對技術創新績效產生影響。共生介質越豐富，表明信息和知識來源越多樣，共生界面擴展屬性越高。如果共生介質單一，表明信息和知識來源越單一，共生界面擴展屬性越低。共生界面的穩定性受到共生介質種類的影響，因為共生介質具有專用性，共生介質之間的作用是互補的。所以，共生界面上的共生介質過於單一，造成共生界面功能缺失，無法為共生單元提供全面性、多樣化的信息和知識，當受到環境變化的衝擊時，共生單元難以及時採取應對危機的措施。

6.2.3.2 共生能量分配對技術創新績效有顯著影響

一是創新資源豐度對技術創新績效產生影響。在企業創新網路中，共生單元通過傳遞知識、信息等能量實現相互交流。共享知識和信息越豐富，越有利於創新績效的提高；反之，傳遞的知識和信息越單一，越不利於創新績效的提高。二是創新資源傳遞效率對技術創新績效產生影響。因此，共生能量分配屬性越高，共生界面上創新資源越豐富，創新資源傳遞效率越高，企業交流與協作效率越高，技術創新績效就越好。

可見，共生行為促進了創新資源的共享和創造，使得處於創新網路中的企業較其他企業具有更強的優勢。根據以上研究，本書提出假設 H5 和 H6。

H5：共生行為由共生界面擴展與共生能量分配兩個維度構成。

H6：共生行為對技術創新績效具有顯著正向影響。

6.2.4 企業創新網路特徵與共生行為

6.2.4.1 企業創新網路結構特徵與共生行為間的關係分析

企業創新網路為企業搭建了一個知識互動、信息共享的共生平臺。在企業創新網路中，存在著與企業創新息息相關的各個共生單元。由於不同共生單元所擁有的資源稟賦、技術構成、知識結構不同，因此企業在創新活動過程中，通過與共生單元之間的溝通交流與合作，實現知識的傳遞、信息的收集、技術的集成，形成動態的、彼此交互的創新網路關係，並進一步作用於企業的創新活動與共生行為。並且，企業與各共生單元通過自組織的方式協同演化去適應它們所處的創新網路，並反作用於創新網路，實現創新網路與網路內的各共生單元協同演化。

共生行為發生的必要條件是企業搭建了自己的創新網路結構，企業與網路中其他成員不斷發生交互作用，才能促進企業整合創新資源。以歐洲區域創新系統的調查研究為例，企業的技術創新活動和商業創新過程可以被看成是一個網路過程，相比那些沒有與其他企業或者研究機構發生聯繫的企業而言，利用

了創新網路的企業顯示出更好的創新績效，並且小型企業對於區域創新系統內的網路具有更強調的依賴性（Sternberg, 2000）。

對於已經搭建了企業創新網路的企業而言，擁有合理的網路結構的企業比網路結構不合理的企業更加具有競爭優勢。這是因為，如果創新網路結構合理，可以為企業創造信息、知識流動和傳遞的學習平臺；如果企業創新網路結構不合理，導致企業創新活動缺乏與其他成員及時有效的溝通，其信息流動比較簡單，其創新活動是孤立而分散的（潘衷志，2008）。

由此可見，企業創新網路結構特徵對共生行為具有顯著影響。根據上述研究，本書提出假設 H7 及其分假設。

H7：企業創新網路結構特徵對共生行為具有顯著正向影響。

H7（1）：網路規模對共生行為有顯著正向影響。

H7（2）：網路異質性對共生行為有顯著正向影響。

H7（3）：網路開放度對共生行為有顯著正向影響。

6.2.4.2 企業創新網路關係特徵與共生行為間的關係分析

企業間保持緊密的合作關係有利於進行知識流動與交互式學習，提高創新資源分配效率。例如，金山化工通過與四平聚英建立緊密接觸方式，向四平聚英輸出和傳遞漿層紙生產的知識，從而獲得了對四平聚英更多的控製和協調能力，奠定了金山化工在聯盟中的核心地位（張紅，等，2011）。Asheim 和 Isaksen（2002）通過對挪威地區的案例研究發現，非正式聯結存在於區域內各個企業之間以及內部員工之間。這種聯結促進了知識與信息的雙向流動，培養了創新氛圍，並且企業間保持信任和持久的合作關係，更有利於企業獲得多樣化的創新資源，實現企業資源整合。聯盟成員間知識的互動和整合方式決定了供應鏈聯盟共生介質接觸方式選擇的方向。

基於以上分析，本書提出假設 H8 及其分假設。

H8：企業創新網路關係特徵對共生行為具有顯著正向影響。

H8（1）：關係強度對共生行為有顯著正向影響。

H8（2）：關係久度對共生行為有顯著正向影響。

H8（3）：關係質量對共生行為有顯著正向影響。

6.2.5 共生行為在結構特徵與技術創新績效間的仲介作用

前文已對企業創新網路、共生行為和技術創新績效之間的兩兩作用進行了分析。通過分析發現，共生行為作為仲介連接了企業創新網路和創新績效。依據相互作用理論，個體的行為表現是外部客觀環境因素與個人主觀因素共同影

響的結果，共生行為是企業個體行為表現，而企業創新網路是企業的外部客觀環境，因此，企業創新網路需要通過共生行為影響創新績效。

在企業創新網路中，為了實現創新效用的最大化，關鍵在於各種創新活動過程中所需的物質、信息、能量能實現有效的流動。在高新技術企業技術創新過程中，企業的創新活動是相互聯繫的，其創新活動往往採取網路化、模塊化的組織模式，企業的創新活動已跨越了單個組織的邊界，更多地依賴於企業間的協作與交互。企業創新網路為網路中企業與各類機構的共生提供了協作與交互的平臺，各類企業、科研仲介機構、金融機構等集聚在地理位置相鄰的區域內，有利於知識交流，促進合作創新。雖然企業創新網路為企業搭建了一個知識互動、信息共享的平臺，但是不同企業在相同的創新網路中會導致不同的創新績效，這是由於共生行為表現不同，即企業共生界面擴展屬性和共生能量分配屬性不一致。共生界面的差異反映的是企業創新活動過程中與網路成員溝通交流渠道的差異，共生能量的差異反映的是企業在創新活動過程中的物質、信息、能量能否實現合理配置。因此在企業創新網路中，企業兩種共生行為會對企業創新績效產生作用，即共生界面擴展和共生能量分配。

本研究認為，高新技術企業創新網路結構和共生行為，對中國高新技術企業創新績效產生影響，其中影響企業創新績效的外生變量是高新技術企業創新網路結構，而共生行為是影響創新績效的內生變量。在外部環境因素和企業內部行為因素的共同作用下，企業創新績效會發生顯著變化。高新技術企業在創新過程中與外部環境的交流與合作可以視為一個網路活動的過程，企業與外部環境的交流與合作越多，代表他充分地利用了網路中的創新資源，表現出了較高的創新績效。Sternberg（2000）通過調查歐洲 11 個區域的創新活動證明了上述結論。Koschatzky 等（2001）將企業在網路中的交流與合作分為橫向聯繫和縱向聯繫，以斯洛文尼亞製造企業創新活動為研究對象，分析了 1997—1998 年的調查數據，發現企業創新活動過程中的縱向聯繫對於企業而言非常重要，但網路中的橫向聯繫比如說技術交流、共同研發等活動表現得並不明顯。

所以說，共生行為表現更好的企業，比那些沒有與其他企業或者研究機構發生聯繫的企業顯示出更好的經濟績效，更能充分利用區域創新資源，提高企業創新績效。根據上述研究，本書提出研究假設 H9 及其分假設。

H9：共生行為在企業創新網路結構特徵與技術創新績效之間有仲介作用。

H9（1）：共生行為在網路規模與技術創新績效之間具有仲介作用。

H9（2）：共生行為在網路異質性與技術創新績效之間具有仲介作用。

H9（3）：共生行為在網路開放度與技術創新績效之間具有仲介作用。

6.2.6 共生行為在關係特徵與技術創新績效間的仲介作用

創新協作網路中企業間的強關係會增加技術交換，增加企業之間的接觸頻率和親近度（Stuart, 1998; Ahuja, 2000），但是共生平臺擴展和共生能量分配促進知識、信息等在企業之間的高速流動和優化配置。換句話說，關係強度為創新資源整合創造了一個靜態的外部環境，共生行為則為企業之間的有效協作保持了一種動態優勢。在同樣的網路關係強度下，共生行為表現更好的企業更能促進創新績效的提高。關係強度為隱性知識的交流創造了外部條件，而企業利用共生能量分配行為更能增加企業間資源分配的互惠均衡性，提高資源傳遞效率，增加資源豐度，更有利於隱性知識的獲取和吸收，促進技術知識累積，提高自主研發能力。基於以上分析，本書提出假設 H10 及其分假設。

H10：共生行為在企業創新網路關係特徵與技術創新績效之間有仲介作用。
H10（1）：共生行為在關係強度與技術創新績效之間具有仲介作用。
H10（2）：共生行為在關係久度與技術創新績效之間具有仲介作用。
H10（3）：共生行為在關係質量與技術創新績效之間具有仲介作用。

6.3 技術創新績效的測量

關於技術創新績效（technology innovation performance）的討論是理論界重點關注的熱點話題，是企業促進技術創新能力提升和體制改革的重要推動力。理論界的許多專家從不同角度研究了技術創新，做出了有益的嘗試，比如探討了技術創新的具體表現形式、研究了技術創新流程、評價了技術創新績效。在技術創新績效研究方面，當前理論界並沒有達成共識，形成一套統一的測量標準體系測量技術創新績效。技術創新績效是指企業技術創新產出成果、過程效率以及相關貢獻等，主要包括產出績效和過程績效。「產出績效」是指技術創新成果為企業創造的經濟利益，而「過程績效」是指技術創新過程的執行質量和效率，主要通過管理手段來控制。許多學者對創新績效的研究都通過構建測量指標體系來評價，選擇了比較容易獲取的數據，比如說企業的銷售收入、企業規模等進行研究，但這很難衡量創新的貢獻程度，對創新績效的評價也有失偏頗。目前理論界對於創新績效的實證研究，採用最為廣泛的是從產品創新績效的角度來進行測量。大多數學者們都採用了產品創新績效作為衡量企業技術創新成果的指標，如專利數、新產品數、新產品對企業盈利的貢獻等，而過

程創新績效反映的是企業管理執行質量,所以對此指標採納得較少。本書的技術創新績效指標也僅僅指的是技術創新績效的產出指標,即「產出績效」。

Brouwer 和 Kleinkneeht(1999)通過實證研究發現,企業專利數越多,企業研發出來的新產品產值對於企業產品的銷售額貢獻度也越大,於是「新產品產值占銷售額比重」這個指標便成為了對技術創新績效的測量指標。同樣的,Tsai(2001)測量技術創新績效也採用新產品產值占銷售總額的比重來進行測量。Hagedoorn、Cloodt(2003)在測量技術創新績效時,不僅僅簡單地用新產品產值占銷售總額的比重來測量,而是選取了四個測量指標來評價技術創新績效,即專利申請數、引入專利數、研發投入資金、新產品研發數。Arundel 和 Kabla(1998),Ahuja(2000)採用新產品數測量的技術創新績效。Yli Renko 等學者(2001)在評價企業創新績效時,只選擇了「三年中開發的新產品數量」這一單獨的指標進行評價。類似地,張方華(2006)在評價企業創新績效時,選擇了研發時間和研發成功率這兩個指標作為測量的標準。韋影(2005)、張方華(2006)採用新產品的開發速度來測量技術創新績效。官建成(1998)利用三個指標來衡量技術創新績效,即專利數量、創新產品數量和創新產品銷售比例。韻江(2007)認為,創新績效是技術創新活動產出的、能客觀觀測度量和感知的一些成果績效,包括創新產出的直接經濟效益(如新產品銷售量、新產品利潤率等),也包括那些間接效益的產出(例如技術訣竅、專利等)。

結合以上學者的測量方法,本書在對技術創新績效的測量方面主要借鑑了 Ritter 和 Gemünden(2003)進行創新成功研究時所構建的測量量表及國內學者任勝鋼(2007)、陳學光(2008)、張方華(2006)對技術創新績效的測量量表,該量表中有關技術創新測量量表的卡爾巴哈系數達到 0.8 以上,表示量表信度良好。本研究使用 3 個題項,採用 5 點李克特量表進行打分,由三個測量題項來測量技術創新績效,具體包括新產品數、研發速度、研發成功率以及新產品的市場反應三個測量指標(見表 6-2)。

表 6-2　　　　　　　　　技術創新績效的測量題項

編號	測量題項	來源
IP1	近三年新產品數	Ahuja(2000);
IP2	近三年新產品的開發速度快,且成功率高	Hagedoorn&Cloodt(2003);
IP3	近三年新產品推出後引起產品銷售率顯著提高	張方華(2006);任勝鋼(2007);陳學光(2008)

資料來源:據本研究整理。

6.4 結構特徵的測量

企業的創新活動並不是單獨完成的，而是受企業所處的創新網路的影響。企業創新績效同樣也因其創新網路特徵的差異而不同，這種特徵包含兩個維度，即結構嵌入性維度和關係嵌入性維度。關係嵌入指的是企業通過與創新網路成員的溝通交流，獲得所需知識、信息、技術支撐企業的創新活動。結構嵌入描述的是企業所處的創新網路的規模、開放度與異質性。本書主要從結構嵌入性和關係嵌入性視角來測量企業創新網路。

現有的文獻從不同的研究角度，直接或者間接地論證了企業創新網路與企業創新績效的顯著相關性。綜合以上學者的觀點，本書分別選取「網路規模、網路異質性和網路開放度」三個維度來衡量高新技術企業創新網路的結構特徵。

6.4.1 網路規模

網路規模（network size）作為測量企業創新網路結構特徵的重要維度，諸多學者採用了企業主要合作對象的數量來進行測度。國外學者 Powell（1996）、Batjargal 和 Liu（2003）等採用的是焦點企業與外部組織間聯繫數量來測度網路規模，並將其運用於醫藥行業、科研組織等進行了實證研究。還有學者從企業發展階段入手，測度了企業與外部組織間合作關係數量，研究了不同發展階段下的網路規模變化。從國內研究現狀來看，學者們的研究主要是在國外研究成果的基礎上，梳理了成熟的量表並將其本土化。代表性的作者有鄒愛其（2004）、任勝鋼（2007）、陳學光（2007）等，他們大多支持用焦點企業與外部組織間的合作關係數量來測度網路規模，並通過問卷調查檢驗了量表的有效性。類似地，林春培（2012）採用李克特 7 點量表對客戶、同行企業、科研機構、仲介組織和供應商等 7 種企業合作夥伴進行了測度。通過梳理國內外相關研究成果，對網路規模的測度大多是採用李克特測量量表進行打分，本研究也採用該方法，並借鑑了相關測量題項。

參考國內外主要觀點和測量指標，並結合第 3 章對創新夥伴的分類和作用分析，以及第 4 章對網路規模的解釋，本書認為網路規模的測量主要包括以下幾個題項：①供應商；②客戶；③同行企業；④政府部門；⑤研究與培訓機構，並採用李克特 5 點量表法進行測量，見表 6-3。

表 6-3　　　　　　　　　網路規模的測量題項

編號	測量題項	來源
NS11	我們能夠合作交流的供應商數量	Burt，1983
NS12	我們能夠合作交流的客戶數量	Marsden（1990） Powell（1996）
NS13	我們能夠合作交流的同行企業數量	Batjargal & Liu（2003）
NS14	我們能夠合作交流的政府部門數量	王曉娟（2007） 陳學光（2007）
NS15	我們能夠合作交流的研究與培訓機構數量	彭新敏（2009）

資料來源：據本研究整理。

6.4.2　網路異質性

與網路規模指標不同，網路異質性（network heterogeneity）不是用來判別網路聯結數量或夥伴多樣性，而是關注解釋夥伴多樣性或資源類型的差異程度（陳學光，2007）。企業技術創新活動過程中，各種信息的輸入、技術的支撐、知識的共享會導致創新績效的不同。因此與企業合作的企業類型的多元、網路的異質性會影響企業的技術創新活動（McEvily，等，1999）。外部知識的價值會隨著網路成員的多樣性而增加，也就是說網路成員的多樣性有助於企業獲取不同價值的知識和經驗，有利於企業多方位地整合知識資源（Cummings，2004）。由於網路異質性對企業獲取創新資源和技術創新績效具有重要意義，本書也將網路異質性作為測量企業創新網路結構特徵的一個指標。

目前，國內外學者對網路異質性的測量尚未達成共識，主要有以下幾種測量方法：一是通過網路位差來衡量網路的異質性。網路位差指的是網路關係中資源的範圍，等於最豐富的有價資源與最貧乏的有價資源之間的差距（李煌，2001）。在有的研究中，專家認為網路內相同種類的合作企業之間的規模差距與網路異質性表現為顯著相關性（鄒愛其，2004；馬剛，2005）。可見，網路位差主要是通過描述網路中資源之間的差值大小來間接體現出網路異質性程度。二是採用「自我中心網路」研究中的「討論網路」（discussion network）的方法（Burt & Ronchi，1994）探討在企業創新網路中 5 個最重要創新夥伴的多樣性，主要選取夥伴類型、聯繫背景和分布區域 3 個維度。相對於利用網路位差來間接測度網路異質性的方法，該方法從不同角度直接地、全面地刻畫了網路異質性程度，具有更好的內容效度。大多數學者採用第二種方法來測量網路異質性（Burt，1983；Marsden，1990；Renzulli & Aldrich，2000；Greve，2003；任勝鋼，等，2011；陳學光，2007）。

本書遵循多數學者的觀點，採用直接測度創新夥伴類別的方法來進行測量，具體由四個測量題項構成：聯繫背景（親人、朋友、同事、同學等）、夥伴類型（顧客、競爭者、政府機構、科研院所、供應商等）、分布區域與行業分布（跨縣、市、省、國），具體見表6-4。

表6-4　　　　　　　　網路異質性的測量題項

編號	測量題項	來源
NS21	我們的創新夥伴來自不同背景	Burt（1983）
NS22	我們的創新夥伴具有各種類別	Marsden（1990）
NS23	我們的創新夥伴位於不同地域	Greve（2003） 陳學光（2007）
NS24	我們的創新夥伴來自不同的行業	任勝鋼（2011）

資料來源：據本研究整理。

6.4.3 網路開放度

對於網路開放廣度的測量，學者採用了不同的方法和指標。一部分學者認為網路開放度測量是指焦點企業與外地企業建立的知識交流關係的種類和數量，通過與外地企業建立的知識交流關係的種類和數量來測度網路開放度，例如「與企業進行知識共享的主要外地供應商數量」「企業參加外地產品展示會或學術研討的次數」「企業在異地創辦了分支機構」。以上題項均採用李克特量表分別賦值1~7（Larson，1992；Uzzi，1997；王曉娟，2007）。Andreas等（2010）將網路的開放度（openness）定義為這樣一個函數：網路成員的多樣性、願意接受新的成員、拓展與集群以外組織聯繫的程度。Romanelli和Khessina（2005）採用網路成員的多樣性；願意接受新的網路成員；拓展與網路成員合作時的業務範圍三個指標來測量網路開放度。而另一部分學者認為，網路開放度可從開放深度和開發廣度兩個方面進行測量：①開放深度採用「互補資源、共享知識產權和敏感信息、充分信任以及長期合作」來表示（Laursen & Salter，2006；Walter，等，2006；陳學光，2008）。②開放廣度採用企業技術創新過程中的合作夥伴種類來表示，也就是將焦點企業合作夥伴分為政府部門、供應商、客戶、競爭者、科研機構和院校、金融機構、技術仲介組織和諮詢服務機構等類別，企業在技術創新過程中與合作夥伴有合作關係，記為1，無合作關係則記為0，最後將所有得分相加即為開放廣度（Laursen & Salter，2006；陳鈺芬，陳勁，2008；韻江，2012）。

網路開放度深度的測量方法仍舊局限於關係嵌入的視野中，而評判指標的

內容與網路關係特徵的指標相近。為克服以上測量弊端，本書主要採納 Andreas、陳學光等學者關於網路開放度的測量題項，具體包括與外地企業建立的知識交流關係的種類、願意接受新的成員、與所在產業集群外的企業建立合作關係，見表 6-5。

表 6-5　　　　　　　　網路開放度的測量題項

編號	測量題項	來源
NS31	我們能夠與不同規模、年齡、行業和能力的創新夥伴進行合作	Andreas B(2010) Bresehi & Malerba (2001) Burt(1992) 陳學光(2008)
NS32	我們隨時準備與新的創新夥伴開展合作	
NS33	我們與所在產業集群外的企業保持著聯繫	
NS34	對於新夥伴，我們也抱著積極的態度很快地接納他	
NS35	為適應企業目標，我們可以在較短時間內重新調整和搭建與新夥伴的聯繫	

資料來源：據本研究整理。

6.5　關係特徵的測量

Gilsing、Nooteboom（2005）採用網路密度、網路範圍、網路中心度來測量網路結構特徵，採用聯結穩定性、聯結久度、交互頻率、控製、信任與開放等來測量網路關係特徵。分析關係特徵，其實質就是分析網路裡焦點企業與其合作企業之間為了實現物質、信息、能量的流動而形成了彼此間關係的特徵（賀寨平，2001）。基於第二章第二節對企業創新網路相關研究文獻的梳理與分析，本書發現現有文獻已從不同視角證實了企業創新網路關係對技術創新績效的促進作用。作為衡量網路關係特徵的重要維度，現有文獻大多分析了企業與外部組織間的交流頻率、持久性、穩定性和滿意度等，並利用調研數據對這些測量量表進行了有效性檢驗。在此基礎上，本書選取了三個維度來測量企業創新網路關係特徵，包括關係的強度、久度和質量。其中，關係強度側重於判斷企業與創新夥伴有關知識和技術等問題的溝通頻率，一般認為關係強度越強，意味著企業傳遞或獲取創新資源越快越多；關係穩定性側重於考察企業與創新夥伴有關知識和技術等問題的溝通時間跨度，關係持續時間越長，越有利於獲得創新夥伴的信任和認同；關係質量則側重於刻畫企業與創新夥伴之間的信任度、滿意度，關係質量越高，不僅有助於降低企業間溝通交流的成本，而且可

以提高企業間信息流動和知識共享的效率，有效防止信息失真和知識失效。

6.5.1 關係強度

隨著國外學者 Granovetter（1973）、Håkansson（1987）等人將網路關係提出並拓展到企業管理領域，關係強度逐漸成為技術創新管理研究領域的熱點。關係強度作為測量企業網路中溝通頻度、聯繫強度的指針，代表了企業在網路中的關係嵌入性，是研究社會網路問題的關鍵概念。頗多專家從各個相關的視角切入，研究了關係強度的測量方法與評價體系。Granovetter（1973）從情感的緊密程度（emotional intensity）、熟識性（intimacy）、節點之間交流的時間（amount of time）和互惠性（reciprocal）四個方面來判斷強關係或弱關係，其中「合作夥伴之間一週至少互動兩次」表示個人層面的強關係。之後，諸多學者對此進行了拓展。有的學者將接觸頻率作為個人和組織間關係強度的主要指標，頻率比較高的被認為是強關係，並根據關係的內容和類型調整強弱關係的臨界值（Blumstein & Kollock，1988；Krackhardt，1992；McEvily & Zaheer，1999；Benassi，Greve & Harkova，1999）。有的學者認為關係比較緊密的朋友之間為強關係，熟人或者朋友的朋友則是弱關係（Mitchell，1987；Marsden & Campbell，1984；Blumstein & Kollock，1988；Andrea，等，2007）。另外，被引用較多的指標還包括連接的持久性（Peter & Karen，1984）、關係雙方感情的支持和幫助程度（Marsden & Campbell，1984）等。

從相關研究成果來看，對關係強度的測量已經從單一維度轉變為多個維度，它是一個多維的構念，需要從不同的角度進行測度。因此，本書主要結合了以下學者的觀點來設計測量量表。Jarillo（1988）認為企業間的互動交流頻率會影響企業的關係強度，並且企業間的信任感、利益互補也會影響企業間的關係強度。Rindfleisch 和 Moorman（2001）從利益相關、資源互補、情感因素的角度出發，界定了關係強度的構成要素，設計了 4 個題項來測度創新聯盟中的關係強度，具體包括：①企業與合作夥伴之間的關係是互利互補的；②企業與合作夥伴的技術開發人員之間具有深厚的情感；③我們彼此感激對方所做出的一切努力；④我們盼望開展更進一步的合作。類似地，Kale 等（2000）、Tiwana（2008）認為企業與合作者之間的互利程度、信任程度、交流頻率和情感因素等會影響到彼此間的關係強度。它是一個多維構成的概念，並不能單單從一個指標進行測量。另外，還有的學者從關係的時間跨度、資源交換和社交因素等方面來設計相關指標。

國內學者林春培（2012）在潘松挺（2009）四維度測量體系的基礎上，界定了關係強度的操作性概念，即對技術創新活動中的焦點企業與合作者之間

的四個維度擴展到有關互惠行為、交流溝通、資源投入程度、合作範圍和久度5個方面的測度，更加完善了該指標體系。任勝鋼等（2011）認為，通過以下3個維度進行度量：①企業與合作對象聯繫的頻繁程度；②企業與合作對象聯繫的密切程度；③企業與合作對象聯繫的誠信互惠程度。武志偉（2007）指出，關係頻率的測量題項包括：貴公司與合作夥伴間信息交流是雙向的和主動的；雙方有定期交流的慣例；合作雙方非正式溝通頻率很高。類似地，潘松挺（2009）利用問卷調查取得一手數據，對中國企業技術創新網路中的企業間合作關係特徵進行測度，具體包括交流頻率、資源交換、合作交流範圍與互惠程度等指標，設計了10多個測量指標，開發出中國技術創新網路關係強度的測量量表。

　　基於上述分析，結合 Granovetter（1973）、Uzzi（1997）、任勝鋼（2011）等人對關係強度操作性定義的分析和相關測量題項的設計，本書認為組織間的關係強度具有豐富的內涵，包含了對企業與外部組織間的交流頻率、交流時間跨度、交流範圍、資源投入程度、互惠程度等方面的評價，採用多維測量指標比較合適。本書主要借鑑 Marsden 和 Campbell（1984）、Rindfleisch 和 Moorman（2001）、林春培（2012）以及潘松挺（2009）等學者對關係強度的測量題項，分別從接觸頻率、誠實可信的交流、互惠性、熟識度、支持或幫助程度五個題項進行測量，見表6-6。

表6-6　　　　　　　　　　　關係強度的測量題項

編號	測量題項	來源
NR11	我們與創新夥伴經常性地私底下進行溝通	Granovetter（1973） Uzzi（1997） Rindfleisch & Moorman（2001） Capaldo（2007） Tiwana（2008） 任勝鋼等（2011） 潘松挺（2009） 林春培（2012）
NR12	我們經常與創新夥伴碰面，討論合作事宜	
NR13	我們與創新夥伴之間的交流是誠實可信的	
NR14	我們與創新夥伴之間的合作是互惠的	
NR15	當遇到困難時，我們經常諮詢創新夥伴的意見	

資料來源：據本研究整理。

6.5.2　關係久度

　　與關係強度不同，關係久度側重於描述網路關係的穩定性程度，主要是指企業間合作交流的時間持久性。Nooteboom（2000）發現，相比短暫的合作關係，組織間保持穩定而長久的關係更有助於組織間深度溝通，以獲取互補知識或隱性知識和促進新知識的內化。在穩定的合作關係下，企業間彼此熟悉，面對界面衝突問題時能快速地找到有效解決辦法，有利於知識的快速傳遞和轉化。Inkpen 和

Tsang（2005）研究發現，企業在與其他企業的交流溝通過程中，隨著時間的發展會建立越來越緊密的聯繫，當企業之間能夠產生互補效應時，它們彼此之間就構建了良好的合作關係，企業因此樂意於分享信息和共享知識，願意承擔因信息和知識輸出而有可能造成的威脅，從而降低企業間知識和信息交流的成本。

這說明，保持關係穩定持久更有助於培養企業間的信任感，降低機會主義威脅，減少不必要的監督行為，提高組織間的協作能力，對技術創新績效有著積極的意義。現有研究也論證了這一觀點。Tumbull 等（1996）認為當企業面臨著複雜多變的外部環境時，持久的關係聯結將有助於焦點企業體現出它的顯著優勢，快速地獲取外部信息，及時有效地與合作夥伴進行溝通協調，減少因外在潛在威脅而造成的不必要損失。類似地，Morgan 等（1999）的研究也發現，持久的合作關係，促進了企業間有價資源的共享與創造，減少了合作中的不確定性風險，特別適合於應對複雜多變的外部環境。Dwyer（1987）進一步指出，企業通過發展持久而穩定的關係聯結，才能提高合作交流質量，降低監督成本。尤其是產生溝通衝突問題時，持久的合作關係有利於減少消極作為，消除不良影響，維護企業形象（Cronin & Baker, 1993; Shoham, Rose & Kropp, 1997）。還有的學者側重於連接的持久性等。李玲（2011）採用三個題項來測量「關係穩定性」指標：「我們已經和合作夥伴合作了較長時間」「我們願意與合作夥伴繼續該合作關係」「如果可以重新選擇，我們仍然會選擇現在的合作夥伴」。武志偉（2007）指出，關係持久性可包括兩個測量題項：「雙方的合作關係已經持續了較長的時間」「您預期雙方的合作還將持續較長的時間」。關係長度通常用雙方合作關係持續的時間這一個指標測量。

本書根據 Peter 和 Karen（1984）、李玲（2011）等的測量方法，從關係發展導向、利益共享出發點、關係建立時間跨度、資源投入力度、關係維持五個方面來測量關係久度，具體見表 6-7。

表 6-7　　　　　　　　　　關係久度的測量題項

編號	測量題項	來源
NR21	我們希望與創新夥伴發展的是長期導向的關係	Batjargal（2001）
NR22	我們與創新夥伴已建立長期的合作關係	Zhao, Aram（1995）
NR23	我們會從長遠利益角度考慮與創新夥伴的合作	Ostgaard, Birley（1996） Shoham, Rose, Kropp（1997）
NR24	我們會對創新夥伴投入長期的關心和支持	鄔愛其（2004）
NR25	即使與該創新夥伴沒有合作項目（或項目結束後），我們也會繼續維持這個關係	Peter, Karen（1984） 李玲（2011）；陳學光（2007）

資料來源：據本研究整理。

6.5.3 關係質量

關係質量是測度網路關係特徵的一個重要指標，已被多數學者論證為一個多維的變量。例如，Dwyer 等（1987）認為關係質量應該主要包含三個維度，即滿意、信任和降低機會主義行為因素。Crosby 等（1990）指出關係質量是一個包括信任和滿足的高階變量。Mohr 和 Spekman（1994）借鑑了 Dwyer 的關係質量模型研究成果，並更進一步採用實證研究的方法論證了協作、信用、交流效率、共同處理矛盾是關係質量良好的關鍵因素。Storbacka、Strandvik 和 Gronroos（1994）為了研究關係質量的動態過程，借鑑了經濟學相關理論，構建了關係質量動態模型，由服務質量、關係滲透力、關係擴展性、顧客滿意等因素構成。Lages（2005）在前人研究的基礎上，借鑑了關係質量相關的評價指標體系，以外貿企業為研究對象，採用實證研究的方法探究其關係質量，並形成一個包含信息共享、交流質量、關係滿意、關係定位的四維評價體系。可見，關係質量是一個多維度的概念，需要從多個角度來進行測度才能全面反映其內涵（Naude & Buttle，2000）。

「信任」在關係營銷和組織間網路關係等研究領域中是指企業對合作夥伴的共有信任傾向，反映了彼此間的公平交易情況（Crosby，等，1990；Morgan，等，1999；McEvily & Marcus，2005）。如 Goh、Matthew（2006）對中國 215 家企業進行調研後，發現網路成員之間基於較高的「信任」更能共同解決遇到的難題。陳學光（2007）認為，網路成員間關係質量對知識交流與共享過程產生重要影響，而這種影響的關鍵是「信任」。因為企業與其他網路主體間在溝通和交流的過程中，由於知識專業性的特點，導致企業間知識分享需要付出較大的代價，而企業間的信任機制能夠降低企業間的交易成本，並使企業願意承擔因知識共享而導致的潛在威脅。從國內外現有研究來看，信任具有 3 個方面的重要內容：①相信合作夥伴擁有的誠實守信品質；②積極正面地理解合作夥伴的行為，認為舉動是善意的（Geyskens，等，1996）；③相信合作夥伴具備完成任務和達到目標的能力或實力（Ganesan，1994）。「滿意」是一個被廣泛研究探討的核心概念（Tse，1988）。關係營銷研究領域中，測度對合作對象的滿意程度時往往採用合作中所有體驗感知累計下來的滿意程度。Anderson 等（1984）將「滿意」界定為「通過評價合作方在關係中的表現而產生的一種良好積極的情感狀態」。可見，早期關係質量出現在市場營銷領域，Crosby、Evans 和 Cowles（1990）在零售業的背景下率先提出了關係質量的測量可以分為信任和滿意兩個維度，隨後這個觀點逐漸被理論界接受，成為測量關係質量

的兩個重要維度。「承諾」也是關係質量的另一個重要維度。一般認為，承諾是企業企圖與合作夥伴之間發展和維持一段長期穩定關係的意願程度（Anderson，等，1994）。Walter 等（2003）的研究表明，承諾有兩個主要內容：一是對合作關係的發展抱有積極態度，即情感承諾；二是為培養關係能夠隨時投入大量物力和人力資源，即仲介承諾。

表 6-8　　　　　　　　　　　　關係質量維度

研究者 \ 關鍵維度	信任	滿意	承諾	合作	溝通	問題的共同解決/冲突	參與	聯系	最小的機會主義	顧客導向	對關係投資的意願	對關係持續性的期望	道德形象	共同目標	關系利益	顧客感知總质量
Morgan 和 Hunt（1994）	★		★													
Hennig-Thurau 和 Klee（1997）	★															★
Crosby, Evans 与 Cowles（1990）	★	★														
Storbacka, Strandvik 与 Grönroos（1994）		★	★		★				★							
Smith（1998）	★	★	★													
Roberts, Varki 与 Brodie（2003）	★	★	★			★										
Mohr 和 Spekman（1994）	★			★	★	★	★									
Dorsch 等人（1998）	★									★	★		★			
Dwyer 和 Oh（1987）	★	★									★					
Kumar, Scheer 与 Steenkamp（1995）	★				★					★	★					
Parsons（2002）														★	★	

資料來源：姚作為. 關係質量的關鍵維度——研究評述與模型整合［J］. 科技管理研究，2005（8）：135.

從上述分析及表 6-8 可知，有關關係質量的關鍵維度，可謂是眾說紛紜。但多數學者認為關係質量的主要因素應該包含信任、顧客滿意和承諾，本研究遵循大多數學者的觀點，確認關係質量量表的三個核心維度為信任、承諾和滿意。為與多數相關研究保持一致，本書主要借鑑 Walter 等（2003），阮平南、姜寧（2009）及賈生華（2007）等關於關係質量的研究方法，從滿意度、利益分配公平、信任、承諾和拓展五個方面來測量關係質量，具體題項見表 6-9。

表 6-9　　　　　　　　　關係質量的測量題項

編號	測量題項	來源
NR31	我們對創新夥伴的表現很滿意	Crosby et al.（1990） Walter et al.（2003） 阮平南，姜寧（2009）
NR32	我們認為創新夥伴常常會考慮到我們的利益	
NR33	我們覺得創新夥伴有能力完成任務	
NR34	我們相信創新夥伴給我們的承諾	
NR35	我們期望與創新夥伴開展進一步的合作	

資料來源：據本研究整理。

在本書中，考慮到以上指標最主要用於研究企業與企業間所構成的創新網路特徵，因此也選擇上述指標作為檢驗企業創新網路結構與關係特徵的有效性指標作為研究假設檢驗的量化研究工具。

6.6 共生行為的測量

分析企業創新網路特徵，我們能夠直觀感覺得到企業擁有的創新夥伴數量、創新夥伴多樣性、與創新夥伴聯繫緊密程度等事實，但是卻很難判斷企業與創新夥伴之間潛在的合作方式、合作機制等問題。例如，在該企業構建的共生界面中共生介質種類多少，創新資源傳遞效率如何，知識和信息交流的阻力大小如何，這些就需要借助共生行為進行判別。共生界面是共生單元交流的載體，而共生能量是共生單元交流的內容，這兩者都是企業共生關係建立的必要條件。因此，本書從共生界面擴展、共生能量分配兩個維度來測量企業共生行為。

6.6.1 共生界面擴展

許多創新平臺都是圍繞特定目標而構建的，一旦目標實現後，創新平臺常常解散或者流於形式（Valentine, 2016）。因此，企業通過創新平臺進行協同創新的過程中，擴展共生界面，如對於平臺搭建有著清晰的長遠規劃、對創新合作夥伴的選擇有一定評價標準等，這些都是創新網路平臺持續發展的關鍵。

國內外學者已在共生界面和界面管理方面進行了一些嘗試，並在這方面取得了一定的研究成果。如，Souder、Chakrabarti（1978）的調查發現，當R&D─市場營銷界面存在嚴重的管理問題時，68%的R&D項目將在商業化上完全失敗。Michael B. Beverland（2005）認為R&D─生產製造界面管理對創新績效的提高具有重要意義。郭斌（1998）指出「R&D邊際化」（marginalization of R&D）問題是由於R&D、市場營銷、生產製造、工藝設計等環節之間存在較大的界面障礙，導致知識和信息流通不暢，最終造成R&D資源浪費，生產製造成本過高以及創新擴散困難等問題。從界面管理角度分析企業技術創新管理，能夠較好地剖析創新過程中的交流阻力、溝通障礙等問題。S. M. Jasimuddin和Z. Zhang（2009）認為組織間也有類似於單位成本的顯性和隱性知識轉移，理想情況下，它可以最大限度地減少其總的知識轉移成本，縮小共生界面上的知識流動阻力，使個人的努力與組織的預期達到一致。Cao P. (2016)通過對中國798個創意產業園區的研究發現，共生界面的擴展有利於物質、信息等資源的充分交流，並導致整個系統逐漸趨於平衡和自我進化。並

且，多重共生介質的互動，能夠促使企業及時發現潛在機會，挖掘企業與合作夥伴間的兼容性，從而促進共生系統的不斷升級（Puente，等，2015）。企業可以利用多種方式優化共生界面，比如利用市場導向對社會資本的正向影響，能夠促進共生聯盟的穩定性（Fue，等，2013）。易志剛和易中懿（2012）以保險業為研究對象，分析了各個業務模式之間的界面接觸角度，分析了共生界面的參數，提出相關分析模型，通過數學計算相關參數值，並指出共生界面中存在的臨界值，為日後的定量分析提供了新的思路。官建成（1998）認為界面管理的影響因素包括：與信息傳遞方式相關的因素，與企業文化相關的因素，與管理體制相關的因素，以及信任因素。張紅和李長洲等（2011）運用案例研究法，探尋供應鏈聯盟互惠共生界面選擇機制的影響因素，結果發現加盟企業與盟主企業合作願景的兼容性、聯盟成員間知識的互動和整合方式對聯盟互惠共生界面選擇機制產生影響。張志明和曹鈺（2009）基於共生理論分析了企業技術創新的新途徑，提出建立共生體來提高創新資源的互補程度，整合專業知識和技術信息，利用不同介質來傳遞信息、知識等，提高共生界面暢通度，促進系統中各成員獲得更大的價值增值。李東（2008）指出企業搭建知識、信息交流平臺時應具有清晰的戰略和方案。

基於上述研究和共生理論，本書認為共生界面擴展屬性的測評包括對平臺意識清晰性、共生介質豐度的測評。①平臺意識清晰性的測量指標包括：搭建知識、信息交流的平臺時具有清晰的戰略和方案；對合作夥伴的選擇具有清晰的方案；我們選擇創新夥伴時會考慮企業資源是否互補；定期審視企業與各個創新夥伴的關係，以及制定共生界面的優化方案。②企業共生界面上的共生介質是多重的，共生介質豐度可通過非正式和正式共生介質的種類數量來測量（Freeman，1991），具體包括：契約（合作R&D協議、技術轉讓協議、技術交流協議、許可證協議、租賃服務協議等）、生產銷售流程（分包、生產分工和供應商、廣告協作、共同銷售）、共建實體（合資企業、合資研究所）、虛擬組織（戰略聯盟、研究協會、產學研聯盟等）。

6.6.2 共生能量分配

技術創新績效不僅取決於共生界面的擴展屬性，也取決於信息、知識等創新資源的廣度和傳遞效率等（Yao & Liao，2015）。依據共生理論，知識和信息在共生單元之間的傳遞中分配越均勻，越容易達到互惠和均衡，共生關係越趨於穩定，利於創新績效提高。反之，共生單元傳遞知識和信息的方向越單一，越不容易達到互惠，共生關係越不穩定，越不利於創新績效的提高。榮莉莉等（2012）通過仿真計算組織平均知識儲量和知識方差隨時間的變化規律後發

現，當組織中全部為雙向實線連接時，知識傳播最快；組織密度越大，組織結構對知識傳播的影響越小，而知識傳播效率越高；組織中單向交流多時，知識方差大，即知識傳播越難兼顧公平；相反，組織中雙向交流多時，個體間知識儲量差距越小。胡浩（2011）認為，參與創新主體者之間的共生關係是一種創新極之間相互影響的合作方式，不僅表示了行為主體間存在的資源交換方式，還表示了行為主體之間的能量傳遞方式，是考察創新過程中的資源流動和相互作用的關鍵。其中，互惠的共生關係是資源在行為主體之間得到均衡分配的一種表現形式，所以通過測量能量或資源在技術創新過程中的分配情況，也可以判定企業間合作關係情況。何自力和徐學軍（2006）以銀企為研究對象，借鑑了共生理論的相關內容，構建了銀企共生界面的分析框架，包含五個維度，即能量分配、信息傳輸、市場准入、阻尼特徵、共生序特徵，然後他們提出了量化的方法並通過實證分析檢驗其有效性。信息豐度改進對銀企共生界面也是一個重要測量指標。信息豐度增加到達臨界值後，意味著候選共生單元之間的共生識別過程完成。銀行對於企業信貸風險評估最主要的標準就是分析判斷銀行與企業的臨界信息豐度。信息豐度與分配系數是衡量共生關係的重要指標。銀企共生關係的改進，在很大程度上是基於信息豐度改進，例如關係貸款等，而在技術創新領域則主要是基於技術知識等創新資源豐度的改進，所以對於技術創新資源豐度的測量也可參考知識轉移方面的研究。盧兵等（2006）認為聯盟中所轉移知識的豐富程度可由知識所包含的兩個特性來衡量：知識的深度（depth）和廣度（breadth）。知識的深度指知識的專業化程度，在某一專業領域知識的集中度越高，知識深度越大。Turner等（2002）認為知識寬度是指知識的多樣性。蔣天穎和白志欣（2011）選取「企業擁有系統完整的電子信息交流平臺」的技術支撐，「企業經常組織面對面的工作討論會和跨部門的工作團隊」的溝通渠道等來評價企業知識轉移效率。企業共生機會與參與到共生網路中的合作夥伴數量及種類有關（Puente，等，2015），這要求企業在挑選創新合作夥伴時應關注其創新資源種類和數量。企業不僅僅可以通過增加創新資源豐度的獲取來提高創新績效，也可以通過加強與現有合作夥伴之間的關係來提高創新績效（Velenturf，2015）。同時，企業還需要增強組織的吸收能力，以應對快速變化的市場需求和技術革新速度（Jukneviciene，2015）。

　　基於上述研究和共生理論，本書對共生能量分配屬性的測量主要包括創新資源豐度和傳遞效率兩個方面。①創新資源豐度的測量指標包括：我們與創新合作夥伴能充分共享彼此的資源；企業與創新夥伴之間的交流往往涉及多個知識領域；合作夥伴擁有大量的創新資源數量。②資源傳遞效率的測量指標包括：我們採取了多種手段（如電話、郵件、視頻、面談等）與合作夥伴進行

交流；我們付出很短的時間就能理解創新夥伴傳遞的知識；我們能快速將創新夥伴傳遞的新知識化為己用。

通過對以上兩個屬性的描述，共生行為就被完整而清晰地刻畫出來。本書根據以上兩個維度，從平臺意識清晰性、共生介質豐度、資源分配方向、資源豐度以及資源傳遞效率五個方面來設計共生行為量表，具體指標如表6-10所示。

表 6-10　　　　　　　　　共生行為的測量題項

編號	測量題項	來源
SB11	我們搭建企業創新網路平臺時具有清晰的戰略	
SB12	我們對創新夥伴的選擇具有明確的方案	Freeman(1991)
SB13	定期審視企業與各個創新夥伴的關係，並制定優化方案	沈必楊等(2005) SM Jasimuddin & Z
SB14	我們已通過共建實體或建立虛擬組織與創新夥伴合作	Zhang(2009)
SB15	我們已通過各種契約形式和生產銷售流程與創新夥伴進行合作	官建成(1998) 李玲(2011)
SB16	對我們選擇創新夥伴時會考慮企業資源是否互補	Turner S F et al.(2002)
SB21	我們與創新合作夥伴能充分共享彼此的資源	盧兵等(2006) 榮莉莉(2012)等
SB22	企業與創新夥伴之間的交流往往涉及多個知識領域	蔣天穎,白志欣(2011)
SB23	我們的合作夥伴擁有大量的創新資源數量	張紅,李長洲(2011)
SB24	我們採取了多種手段（如電話、郵件、視頻、面談等）與合作夥伴進行交流	蔣天穎,白志欣(2011) 徐磊(2002)
SB25	我們付出很短的時間就能理解創新夥伴傳遞的知識	李東(2008)
SB26	我們能快速將創新夥伴傳遞的新知識化為己用	

資料來源：據本研究整理。

6.7　預調研

6.7.1　預試問卷設計與發放

經過深度訪談和上述的文獻分析後，本研究借鑑了國內外學者開發編制的創新網路問卷，進行了翻譯與整理，對有關共生行為的量表和訪談關鍵詞條進行了整理和分析，最終獲得了表6-11中的一些題項，將這44個題項全部納入到量表編制的題項庫中，並發放了預調研的問卷。

表 6-11　　　　　　　　預調研問卷的題項匯總

題項	題項
1.我們能夠合作交流的供應商數量	26.我們與創新夥伴的合作交流是公平合理的
2.我們能夠合作交流的客戶數量	27.我們相信創新夥伴有能力（實力）
3.我們能夠合作交流的政府部門數量	28.我們相信創新夥伴給我們的承諾
4.我們能夠合作交流的科研院校數量	29.我們期望與創新夥伴開展進一步的合作
5.我們能夠合作交流的同行企業數量	30.我們搭建企業創新網路時具有清晰的戰略
6.我們的創新夥伴來自於不同背景，如商業關係、親戚朋友等	31.我們對創新夥伴的選擇具有明確的方案
7.我們的創新夥伴具有各種類型，如顧客、競爭者、供應商、研究機構、政府單位等	32.我們選擇創新夥伴時會考慮企業資源是否互補
8.我們的創新夥伴位於不同地域，如跨鎮、跨市、跨省或跨國	33.我們已採用契約和生產銷售流程等不同方式與創新夥伴進行合作
9.我們的創新夥伴來自不同行業，如軟件、電子通訊、生物醫藥等	34.我們已通過共建實體、虛擬組織等不同方式與創新夥伴進行合作
10.我們能夠與不同規模、年齡、行業的創新夥伴進行合作	35.定期審視企業與各個創新夥伴的關係，並制定優化方案
11.我們隨時準備與新的創新夥伴開展合作	36.我們的合作夥伴擁有豐富的創新資源種類
12.我們與所在產業集群外的企業保持著聯繫	37.企業與創新夥伴之間的交流往往涉及多個知識領域
13.我們能夠抱著積極態度很快接納新夥伴	38.我們的合作夥伴擁有大量的創新資源數量
14.為適應企業目標，我們能夠迅速重新調整和搭建與創新夥伴的聯繫	39.我們付出很短的時間就能理解創新夥伴傳遞的訊息或知識
15.雙方有定期交流的慣例	40.我們能快速將創新夥伴傳遞的新知識化為己用
16.我們與創新夥伴的私下溝通很頻繁	41.我們能與創新夥伴互相協作，快速解決難題
17.我們與創新夥伴之間的交流是誠實可信的	42.近三年新產品數量
18.我們與創新夥伴之間的合作是互惠的	43.近三年新產品開發速度快且成功率高
19.當遇到難題時，我們經常諮詢創新夥伴的意見	44.近三年新產品推出後引起產品銷售率增長
20.我們與創新夥伴已建立長期的合作關係	45.您在企業中的職位是
21.我們打算與對方的合作還將持續較長時間	46.貴企業的性質屬於
22.我們願意繼續這種合作關係並將追加投入	47.貴企業的主導業務所屬行業領域
23.我們對創新夥伴投入了長期的關心和支持	48.貴企業高新技術等級為
24.即使與該創新夥伴沒有合作項目（或合作項目結束後），我們也會繼續維持這個關係	49.貴企業去年總營業額大概為
25.我們對創新夥伴的表現很滿意	50.貴企業員工總數

資料來源：據本研究整理。

試調研的目的是使問卷能更全面地反映所調研的問題，並使問卷的語言更便於受訪者理解。為確保後期搜集的正式問卷數據的有效性，在進行大規模問卷調查之前，本研究選擇了4家高新技術企業作為訪談對象，要求被試者在不改動項目內容的基礎上，對題項進行修訂，找出表述不清、難於理解或有其他疑問的項目，然後加以修改或刪除。通過訪談，我們對問卷設計中出現的表述不清的問題進行了相應的修改和補充。例如，將原先問卷中的問題項「我們與創新合作夥伴能充分共享彼此的資源」和「我們能夠快速整合各種創新資源」改為「我們的合作夥伴擁有豐富的創新資源種類」和「我們付出很短的時間就能理解創新夥伴傳遞的新信息或知識」，以更全面地反映企業與創新夥伴之間的合作情況。本次共發送220份調查問卷，收回195份，刪除掉其中15份無效的問卷，剩餘180份有效，有效率為81.8%。被調查企業分布在化工紡織、生物製藥、電子通信、機械製造、軟件、新材料等高新技術行業，且分布於四川省、福建省、江蘇省、浙江省、北京市、重慶直轄市等中國多個省市。

表6-11　　　　　　　小樣本描述性統計分析　($N=180$)

指標	類別	樣本數	百分比（%）
行業類別	軟體	32	17.78
	電子及訊息設備製造	65	36.11
	生物製藥	23	12.78
	新材料	12	6.67
	機械製造	18	1.00
	化工紡織	19	1.06
	其他	11	0.61
員工人數	250人以下	65	36.11
	251~500人	33	18.33
	501~1,000人	21	11.67
	1,000人以上	61	33.89
企業性質	國有或國有控股企業	59	32.78
	民營或民營控股企業	81	45.00
	外資或外資控股企業	27	15.00
	經營性事業單位	13	7.22

資料來源：據本研究整理。

6.7.2 預調研題項精煉

本研究歸納了在預試中被調查者在答題過程中的意見，作為修正預調研問卷而得到正式問卷的參考，並進行項目分析，根據項目分析的結果來刪除了題項，以構建正式問卷。以下就預測試所得資料的處理及形成正式量表的過程加以說明。

本研究參考邱皓政（2009）的建議，採用下列五項標準來檢驗題項，作為刪除題項的依據，包括遺漏值檢驗；項目分析；該題項被刪除後全量表內部一致性系數是否提高；各題項與量表總分之間相關係數；因子分析結果中各題項在所屬因子下的因子載荷。

6.7.2.1 遺漏值檢驗

在遺漏值檢驗部分，沒有題項存在顯著性的遺漏值差，因此不做刪除。

6.7.2.2 項目鑒別力分析

項目分析目的在於對各題項進行項目區分度（item discrimination）分析，計算各個題項的「臨界比率」（critical ratio）[①]。假如某一題項的 CR 值達到顯著水準（$\alpha<0.05$ 或 $\alpha>0.01$），即說明這個題項是有效的，能反映不同的接受測試對象的情況，該題項應被保留；如果 CR 值未達到顯著水平，即表示該題項應被刪除或修改，使問卷質量得以提高。測量專家們把試題的鑒別度稱為測驗是否具有效度的「指示器」，並作為評價項目質量、篩選項目的主要指標之一，同時它也是因子分析的前提和基礎（吳明隆，2013）。本研究對問卷的44個測量題項的高分組和低分組進行獨立樣本的 T 檢驗，結果如表6-12 所示。

表 6-12　　　　　　　組別統計量 （$N=109$）

	group	N	均值	標準差	均值的標準誤
NS11	高分組	54	3.37	1.138	0.155
	低分組	55	2.27	0.651	0.088
NS12	高分組	54	3.83	1.077	0.147
	低分組	55	2.51	0.979	0.132
NS13	高分組	54	2.85	0.979	0.133
	低分組	55	2.35	0.907	0.122

[①] 做法是將所有受試者在預試量表的得分總和依高低排列，得分前25%者為高分組，得分後25%者為低分組，求出高低二組受試者在每題得分總數差異的顯著性檢驗。

表6-12(續)

	group	N	均值	標準差	均值的標準誤
NS14	高分組	54	2.20	0.451	0.061
	低分組	55	1.93	0.325	0.044
NS15	高分組	54	3.09	1.202	0.164
	低分組	55	2.07	0.836	0.113
NS21	高分組	54	3.87	1.047	0.142
	低分組	55	2.38	0.782	0.105
NS22	高分組	54	4.24	0.671	0.091
	低分組	55	2.87	0.883	0.119
NS23	高分組	54	4.09	0.759	0.103
	低分組	55	2.73	0.952	0.128
NS24	高分組	54	3.91	0.807	0.110
	低分組	55	2.60	0.710	0.096
NS31	高分組	54	4.15	0.960	0.131
	低分組	55	2.65	0.775	0.105
NS32	高分組	54	4.37	0.708	0.096
	低分組	55	2.78	0.832	0.112
NS33	高分組	54	4.07	0.821	0.112
	低分組	55	2.75	0.844	0.114
NS34	高分組	54	4.19	0.803	0.109
	低分組	55	2.95	0.826	0.111
NS35	高分組	54	3.98	0.879	0.120
	低分組	55	2.45	0.812	0.110
NR11	高分組	54	3.83	1.023	0.139
	低分組	55	2.56	0.811	0.109
NR12	高分組	54	4.17	0.607	0.083
	低分組	55	2.84	0.877	0.118
NR13	高分組	54	4.46	0.636	0.087
	低分組	55	2.82	0.819	0.110
NR14	高分組	54	4.52	0.606	0.083
	低分組	55	2.80	0.869	0.117

表6-12(續)

	group	N	均值	標準差	均值的標準誤
NR15	高分組	54	4.31	0.609	0.083
	低分組	55	2.96	0.881	0.119
NR21	高分組	54	4.59	0.599	0.082
	低分組	55	2.93	1.034	0.139
NR22	高分組	54	4.35	0.677	0.092
	低分組	55	2.80	0.826	0.111
NR23	高分組	54	4.56	0.538	0.073
	低分組	55	2.84	0.958	0.129
NR24	高分組	54	4.48	0.574	0.078
	低分組	55	2.76	0.793	0.107
NR25	高分組	54	4.33	0.614	0.084
	低分組	55	2.73	0.804	0.108
NR31	高分組	54	4.07	0.640	0.087
	低分組	55	2.67	0.818	0.110
NR32	高分組	54	3.98	0.714	0.097
	低分組	55	2.62	0.757	0.102
NR33	高分組	54	4.15	0.737	0.100
	低分組	55	2.76	0.838	0.113
NR34	高分組	54	4.04	0.699	0.095
	低分組	55	2.56	0.811	0.109
NR35	高分組	54	4.33	0.644	0.088
	低分組	55	3.02	0.757	0.102
SB11	高分組	54	4.19	0.729	0.099
	低分組	55	2.71	0.936	0.126
SB12	高分組	54	4.39	0.627	0.085
	低分組	55	3.18	1.124	0.152
SB13	高分組	54	4.39	0.656	0.089
	低分組	55	2.75	0.865	0.117
SB14	高分組	54	4.48	0.637	0.087
	低分組	55	2.73	1.027	0.138

表6-12(續)

	group	N	均值	標準差	均值的標準誤
SB15	高分組	54	4.06	0.834	0.113
	低分組	55	2.45	0.789	0.106
SB16	高分組	54	3.93	0.843	0.115
	低分組	55	2.45	0.812	0.110
SB21	高分組	54	3.98	0.739	0.101
	低分組	55	2.69	0.858	0.116
SB22	高分組	54	3.93	0.887	0.121
	低分組	55	2.58	0.762	0.103
SB23	高分組	54	4.17	0.746	0.102
	低分組	55	2.75	1.004	0.135
SB24	高分組	54	4.06	0.738	0.100
	低分組	55	2.89	0.936	0.126
SB25	高分組	54	4.07	0.723	0.098
	低分組	55	2.56	0.834	0.112
SB26	高分組	54	3.98	0.687	0.093
	低分組	55	2.49	0.858	0.116
IP1	高分組	54	4.11	0.664	0.090
	低分組	55	2.55	0.919	0.124
IP2	高分組	54	4.00	0.614	0.084
	低分組	55	2.29	0.599	0.081
IP3	高分組	54	4.11	0.664	0.090
	低分組	55	2.47	0.813	0.110

資料來源：據本研究整理。

表6-12為高低分組的組別統計量，本書採用27%的分割點對樣本數進行分組，按照樣本數據的升序進行排序後，從第1位到第55位被調查者都屬於低分組，從第127位到第180位被調查者都屬於高分組。接下來可進行獨立樣本T檢驗。

對每個題項的高分組和低分組進行了獨立樣本的T檢驗，對每題項是否具有鑒別度的具體分析遵循如下步驟（吳明隆，2013）：①若某個題項的組別群體變異數相等的F檢驗顯著（Sig. ≤0.05），則表示兩個組別的群體變異數不相等，此時考察假定變異數不相等的t值的顯著性，若t值不顯著（Sig. >

0.05），則此題不具有鑑別度。②若題項的組別群體變異數相等性的 F 檢驗不顯著，則需考察假定變異數相等的 t 值的顯著性，若 t 值顯著，則此題項具有鑑別度，若 t 值不顯著，則此題項不具有鑑別度。由表 4-13 可知，NS13 和 NS14 的 t 統計量標準值在 3.000 左右，表示這兩個題項的鑑別度較差①，可以考慮將之刪除。除此之外，其餘變量的 t 統計量值都高於 5.000，表示題項的鑑別度較好，考慮保留。

表 6-13　　　　　　　　獨立樣本 T 檢驗（N = 180）

題項		方差方程的 Levene 檢驗		均值方程的 t 檢驗					差分的95%置信區間	
		F	Sig.	t	df	Sig.	平均差異	標準誤差值	下限	上限
NS11	假設方差相等	23.832	0.000	6.196	107	0.000	1.098	0.177	0.746	1.449
	假設方差不等			6.167	84.059	0.000	1.098	0.178	0.744	1.452
NS12	假設方差相等	1.570	0.213	6.719	107	0.000	1.324	0.197	0.934	1.715
	假設方差不等			6.713	105.631	0.000	1.324	0.197	0.933	1.715
NS13	假設方差相等	1.713	0.193	2.802	107	0.006	0.506	0.181	0.148	0.865
	假設方差不等			2.800	106.048	0.006	0.506	0.181	0.148	0.865
NS14	假設方差相等	8.690	0.004	3.678	107	0.000	0.276	0.075	0.127	0.425
	假設方差不等			3.667	96.336	0.000	0.276	0.075	0.127	0.426
NS15	假設方差相等	13.211	0.000	5.152	107	0.000	1.020	0.198	0.627	1.412
	假設方差不等			5.135	94.390	0.000	1.020	0.199	0.626	1.414
NS21	假設方差相等	1.738	0.190	8.422	107	0.000	1.489	0.177	1.138	1.839
	假設方差不等			8.400	98.051	0.000	1.489	0.177	1.137	1.840
NS22	假設方差相等	1.427	0.235	9.094	107	0.000	1.368	0.150	1.070	1.666
	假設方差不等			9.116	100.710	0.000	1.368	0.150	1.070	1.666
NS23	假設方差相等	3.942	0.050	8.271	107	0.000	1.365	0.165	1.038	1.693
	假設方差不等			8.288	102.712	0.000	1.365	0.165	1.039	1.692
NS24	假設方差相等	0.135	0.714	8.985	107	0.000	1.307	0.146	1.019	1.596
	假設方差不等			8.974	104.754	0.000	1.307	0.146	1.019	1.596
NS31	假設方差相等	0.479	0.491	8.947	107	0.000	1.494	0.167	1.163	1.825
	假設方差不等			8.930	101.685	0.000	1.494	0.167	1.162	1.825
NS32	假設方差相等	0.389	0.534	10.724	107	0.000	1.589	0.148	1.295	1.882
	假設方差不等			10.740	104.907	0.000	1.589	0.148	1.295	1.882

① 註：在量表項目分析中，若採用極端值的臨界比，一般將臨界比值的 t 統計量的標準值設為 3.000，若是題項高低分組差異的 t 統計量小於 3.000，則表示題項的鑑別度較差，可以考慮將之刪除。

表6-13(續)

題項		方差方程的 Levene 檢驗		均值方程的 t 檢驗					差分的95%置信區間	
		F	Sig.	t	df	Sig.	平均差異	標準誤差值	下限	上限
NS33	假設方差相等	0.385	0.536	8.332	107	0.000	1.329	0.159	1.012	1.645
	假設方差不等			8.334	106.991	0.000	1.329	0.159	1.013	1.645
NS34	假設方差相等	0.659	0.419	7.945	107	0.000	1.240	0.156	0.930	1.549
	假設方差不等			7.947	106.989	0.000	1.240	0.156	0.930	1.549
NS35	假設方差相等	0.014	0.906	9.419	107	0.000	1.527	0.162	1.206	1.848
	假設方差不等			9.412	105.992	0.000	1.527	0.162	1.205	1.849
NR11	假設方差相等	0.412	0.522	7.186	107	0.000	1.270	0.177	0.919	1.620
	假設方差不等			7.171	100.879	0.000	1.270	0.177	0.918	1.621
NR12	假設方差相等	8.921	0.003	9.195	107	0.000	1.330	0.145	1.043	1.617
	假設方差不等			9.225	96.181	0.000	1.330	0.144	1.044	1.617
NR13	假設方差相等	0.633	0.428	11.701	107	0.000	1.645	0.141	1.366	1.923
	假設方差不等			11.728	101.650	0.000	1.645	0.140	1.367	1.923
NR14	假設方差相等	1.760	0.188	11.951	107	0.000	1.719	0.144	1.433	2.004
	假設方差不等			11.990	96.606	0.000	1.719	0.143	1.434	2.003
NR15	假設方差相等	2.354	0.128	9.297	107	0.000	1.351	0.145	1.063	1.639
	假設方差不等			9.328	96.129	0.000	1.351	0.145	1.064	1.639
NR21	假設方差相等	10.037	0.002	10.264	107	0.000	1.665	0.162	1.344	1.987
	假設方差不等			10.312	86.921	0.000	1.665	0.162	1.344	1.986
NR22	假設方差相等	1.274	0.262	10.718	107	0.000	1.552	0.145	1.265	1.839
	假設方差不等			10.738	103.745	0.000	1.552	0.145	1.265	1.838
NR23	假設方差相等	12.875	0.001	11.526	107	0.000	1.719	0.149	1.424	2.015
	假設方差不等			11.582	85.301	0.000	1.719	0.148	1.424	2.014
NR24	假設方差相等	2.744	0.101	12.937	107	0.000	1.718	0.133	1.455	1.981
	假設方差不等			12.974	98.495	0.000	1.718	0.132	1.455	1.981
NR25	假設方差相等	2.918	0.091	11.703	107	0.000	1.606	0.137	1.334	1.878
	假設方差不等			11.732	100.943	0.000	1.606	0.137	1.334	1.878
NR31	假設方差相等	5.725	0.018	9.952	107	0.000	1.401	0.141	1.122	1.681
	假設方差不等			9.974	101.958	0.000	1.401	0.141	1.123	1.680
NR32	假設方差相等	4.460	0.037	9.669	107	0.000	1.363	0.141	1.084	1.643
	假設方差不等			9.674	106.819	0.000	1.363	0.141	1.084	1.643
NR33	假設方差相等	1.196	0.277	9.151	107	0.000	1.385	0.151	1.085	1.684
	假設方差不等			9.161	105.744	0.000	1.385	0.151	1.085	1.684

表6-13(續)

題項		方差方程的 Levene 檢驗		均值方程的 t 檢驗						
		F	Sig.	t	df	Sig.	平均差異	標準誤差值	差分的95%置信區間	
									下限	上限
NR34	假設方差相等	5.155	0.025	10.149	107	0.000	1.473	0.145	1.186	1.761
	假設方差不等			10.162	105.254	0.000	1.473	0.145	1.186	1.761
NR35	假設方差相等	0.597	0.441	9.756	107	0.000	1.315	0.135	1.048	1.582
	假設方差不等			9.770	104.881	0.000	1.315	0.135	1.048	1.582
SB11	假設方差相等	3.349	0.070	9.173	107	0.000	1.476	0.161	1.157	1.795
	假設方差不等			9.194	101.732	0.000	1.476	0.161	1.158	1.795
SB12	假設方差相等	19.884	0.000	6.908	107	0.000	1.207	0.175	0.861	1.553
	假設方差不等			6.942	84.970	0.000	1.207	0.174	0.861	1.553
SB13	假設方差相等	0.968	0.327	11.156	107	0.000	1.643	0.147	1.351	1.935
	假設方差不等			11.184	100.624	0.000	1.643	0.147	1.352	1.935
SB14	假設方差相等	8.631	0.004	10.698	107	0.000	1.754	0.164	1.429	2.079
	假設方差不等			10.742	90.450	0.000	1.754	0.163	1.430	2.079
SB15	假設方差相等	0.422	0.517	10.298	107	0.000	1.601	0.155	1.293	1.909
	假設方差不等			10.293	106.430	0.000	1.601	0.156	1.293	1.909
SB16	假設方差相等	0.256	0.614	9.277	107	0.000	1.471	0.159	1.157	1.786
	假設方差不等			9.274	106.665	0.000	1.471	0.159	1.157	1.786
SB21	假設方差相等	4.018	0.048	8.406	107	0.000	1.291	0.154	0.986	1.595
	假設方差不等			8.417	105.244	0.000	1.291	0.153	0.987	1.595
SB22	假設方差相等	1.006	0.318	8.489	107	0.000	1.344	0.158	1.030	1.658
	假設方差不等			8.478	104.040	0.000	1.344	0.159	1.030	1.659
SB23	假設方差相等	7.193	0.008	8.376	107	0.000	1.421	0.170	1.085	1.758
	假設方差不等			8.398	99.691	0.000	1.421	0.169	1.085	1.757
SB24	假設方差相等	5.587	0.020	7.205	107	0.000	1.165	0.162	0.844	1.485
	假設方差不等			7.221	102.223	0.000	1.165	0.161	0.845	1.485
SB25	假設方差相等	2.972	0.088	10.098	107	0.000	1.510	0.150	1.214	1.807
	假設方差不等			10.111	105.403	0.000	1.510	0.149	1.214	1.807
SB26	假設方差相等	7.116	0.009	10.004	107	0.000	1.491	0.149	1.195	1.786
	假設方差不等			10.024	102.840	0.000	1.491	0.149	1.196	1.785
IP1	假設方差相等	11.919	0.001	10.179	107	0.000	1.566	0.154	1.261	1.871
	假設方差不等			10.209	98.307	0.000	1.566	0.153	1.261	1.870
IP2	假設方差相等	3.557	0.062	14.712	107	0.000	1.709	0.116	1.479	1.939
	假設方差不等			14.709	106.789	0.000	1.709	0.116	1.479	1.939
IP3	假設方差相等	7.843	0.006	11.513	107	0.000	1.638	0.142	1.356	1.920
	假設方差不等			11.534	103.551	0.000	1.638	0.142	1.357	1.920

6.7.2.3 題項與總分的相關係數和內部一致性系數

當題項與該量表總分之間的相關係數低於 0.4 時（低度相關），則表示該題項與整體量表的同質性不高，最好將該題項予以刪除（吳明隆，2013）。本研究中，NS13、NS14 題項與量表總分之間的相關係數分別為 2.55**、2.17**，表明這兩個題項與整體量表的同質性差，可以考慮將之刪除。其餘題項與量表總分之間的相關都介於 3.96** 到 7.72** 之間，可以考慮保留這些題項。以 Cronbach's Alpha 系數檢驗預調研問卷數據的內部一致性，所有數據內部一致性系數為 0.965，若刪除 NS13 後，整體量表內部一致性系數提高為 0.966，除此之外，其餘題項被刪除後整體量表內部一致性系數並沒有提高，故可考慮刪除 NS13。具體如表 6-14 所示。

表 6-14　　預調研量表的題項分析結果（$N=180$）

題項	均值	標準差	題項與總分	題項已刪除的 α 值
NS11	2.80	1.090	0.439**	0.965
NS12	3.13	1.193	0.473**	0.965
NS13	2.53	0.924	0.255**	0.966
NS14	2.04	0.500	0.217**	0.965
NS15	2.56	1.178	0.396**	0.965
NS21	3.21	1.062	0.588**	0.964
NS22	3.55	0.953	0.643**	0.964
NS23	3.43	1.009	0.625**	0.964
NS24	3.28	0.981	0.551**	0.964
NS31	3.48	1.049	0.652**	0.964
NS32	3.64	1.013	0.663**	0.964
NS33	3.37	0.980	0.606**	0.964
NS34	3.63	0.922	0.618**	0.964
NS35	3.28	0.998	0.667**	0.964
NR11	3.28	1.010	0.513**	0.965
NR12	3.46	0.893	0.615**	0.964
NR13	3.63	1.009	0.700**	0.964
NR14	3.71	1.018	0.743**	0.963
NR15	3.68	0.869	0.663**	0.964
NR21	3.84	1.026	0.688**	0.964
NR22	3.57	0.940	0.750**	0.963
NR23	3.72	1.015	0.760**	0.963

表6-14(續)

題項	均值	標準差	題項與總分	題項已刪除的 α 值
NR24	3.63	0.963	0.772**	0.963
NR25	3.54	0.965	0.709**	0.964
NR31	3.31	0.892	0.658**	0.964
NR32	3.19	0.898	0.625**	0.964
NR33	3.48	0.924	0.691**	0.964
NR34	3.32	0.925	0.681**	0.964
NR35	3.66	0.867	0.696**	0.964
SB11	3.54	1.053	0.618**	0.964
SB12	3.83	0.931	0.633**	0.964
SB13	3.62	0.975	0.731**	0.964
SB14	3.63	1.067	0.717**	0.964
SB15	3.17	1.113	0.637**	0.964
SB16	3.18	1.027	0.616**	0.964
SB21	3.27	0.944	0.597**	0.964
SB22	3.15	0.930	0.627**	0.964
SB23	3.32	0.984	0.642**	0.964
SB24	3.36	0.962	0.562**	0.964
SB25	3.26	0.958	0.672**	0.964
SB26	3.18	0.940	0.702**	0.964
IP1	3.27	1.002	0.698**	0.964
IP2	3.19	0.944	0.747**	0.964
IP3	3.28	1.015	0.697**	0.964

6.7.2.4 小樣本數據的探索性因子分析

對測量題項進行初步淨化後，為進一步簡練調研問卷題項，本研究進行探索性因子分析，經過刪減而保留了因子載荷較高的題項。

(1) 企業創新網路結構因子分析

數據是否適合於因子分析可採用以下判斷依據（馬慶國，2002）：KMO值0.9以上，很好；0.8～0.9，比較好；0.7～0.8，一般；0.5～0.6，普通；0.5以下，不好。企業創新網路結構特徵方面的數據通過KMO值和Bartlett球形檢驗結果表明，KMO值為0.855，滿足要求，Bartlett球形檢驗的統計值顯著性概率為0.000，說明該數據符合因子分析的要求。

表 6-15　　　企業創新網路結構的旋轉成分矩陣 ($N=180$)

維度	測量題項	因子載荷 1	因子載荷 2	因子載荷 3
網路規模	NS11	0.073	0.138	0.803
	NS12	0.141	0.087	0.845
	NS13	-0.019	0.054	0.741
	NS15	0.171	0.042	0.828
網路異質性	NS21	0.298	0.700	0.111
	NS22	0.233	0.807	0.107
	NS23	0.337	0.713	0.116
	NS24	0.219	0.772	0.040
網路開放度	NS31	0.695	0.405	0.103
	NS32	0.819	0.231	0.100
	NS33	0.659	0.349	0.009
	NS34	0.772	0.250	0.081
	NS35	0.821	0.163	0.165

提取方法：主成分分析法。

旋轉法：具有 Kaiser 標準化的正交旋轉法。

a. 旋轉在 5 次迭代後收斂。

本研究採用主成分分析法萃取因子，根據特徵根大於 1 的原則提取因子，經過方差旋轉後共提取出了 3 個公共因子，共解釋了方差變異的約 66.234%。如表 6-15 所示，企業創新網路結構經過因子分析後被分為 3 個維度：NS11、NS12、NS15 都反映的是企業的創新夥伴數量，可以看出企業創新網路的規模，因此將此因子命名為「網路規模」。NS21、NS22、NS23、NS24 都反映的是企業創新夥伴來自不同地域、背景、行業等，因此將該因子命名為「網路異質性」。NS31、NS32、NS34、NS35 都反映的是企業是否願意接受新夥伴和對集群外夥伴的聯繫，因此將該因子命名為「網路開放度」。為保證提取出的公共因子結構合理並且易於理解，本書採用了方差旋轉法對因子參照軸進行旋轉，結果發現，旋轉後各因子所包含的測量題項的載荷系數幾乎都大於 0.7（除 NS14 為 0.509，已刪除），表示該量表具有較好的區分效度，各測量題項與理論預期的因子結構完全對應。

（2）企業創新網路關係因子分析

通過 KMO 值和 Bartlett 球形檢驗結果表明，KMO 值為 0.870，大於 0.8，

且 Bartlett 球形檢驗的統計值顯著性概率為 0.000，說明該數據可進行因子分析。

表 6-16　　　企業創新網路關係的旋轉成分矩陣（$N=180$）

維度	測量題項	因子載荷 1	因子載荷 2	因子載荷 3
關係強度	NR11	0.251	0.841	0.212
	NR12	0.249	0.810	0.284
	NR13	0.300	0.603	0.549
	NR15	0.284	0.835	0.159
關係久度	NR23	0.277	0.409	0.785
	NR24	0.274	0.304	0.837
	NR25	0.289	0.090	0.825
關係質量	NR31	0.785	0.300	0.287
	NR32	0.759	0.080	0.222
	NR33	0.784	0.244	0.287
	NR34	0.777	0.338	0.163
	NR35	0.789	0.360	0.259

提取方法：主成分分析法。
旋轉法：具有 Kaiser 標準化的正交旋轉法。
a. 旋轉在 5 次迭代後收斂。

如表 6-16 所示，本研究採用主成分分析法萃取因子，根據特徵根大於 1 的原則提取因子，共提取出了 3 個公共因子，共解釋了方差變異的約 64.325%。NR11、NR12、NR13、NR14、NR15 都反映的是企業與創新夥伴之間的交流頻率，可以看出企業創新網路的關係強度，因此將此因子命名為「關係強度」。NR21、NR22、NR23、NS24、NR25 都反映的是企業與創新夥伴交流合作的時間跨度，因此將該因子命名為「關係久度」。NR31、NR32、NR33、NR34、NR35、NR36 都反映的是企業與創新夥伴之間的信任、滿意等，因此將該因子命名為「關係質量」。為保證提取出的公共因子結構合理並且易於理解，本書採用了方差旋轉法對因子參照軸進行旋轉，結果發現，旋轉後各因子所包含的測量題項的載荷系數幾乎都大於 0.7，表明此量表具有較好的區分效度，各測量題項與理論預期的因子結構完全對應。

（3）共生行為因子分析

通過 KMO 值和 Bartlett 球形檢驗結果表明，KMO 值為 0.886，大於 0.8，

且 Bartlett 球形檢驗的統計值顯著性概率為 0.000，說明該數據可進行因子分析。

表 6-17　　共生行為的旋轉成分矩陣（$N=180$）

維度	測量題項	成分 1	成分 2
共生界面擴展	SB11	0.113	0.808
	SB12	0.197	0.746
	SB13	0.291	0.814
	SB14	0.258	0.765
	SB15	0.355	0.580
	SB16	0.386	0.508
共生能量分配	SB21	0.671	0.314
	SB22	0.679	0.306
	SB23	0.823	0.207
	SB24	0.857	0.094
	SB25	0.810	0.288
	SB26	0.735	0.367

提取方法：主成分分析法。
旋轉法：具有 Kaiser 標準化的正交旋轉法。
a. 旋轉在 3 次迭代後收斂。

如表 6-17 所示，本研究採用主成分分析法萃取因子，根據特徵根大於 1 的原則提取因子，共提取出了 2 個公共因子，共解釋了方差變異的約 62.582%。對因子參照軸進行正交旋轉，旋轉使用方差最大法（Varimax）。旋轉後各因子所包含的測量題項的載荷系數都大於 0.6（除 SB15 為 0.580，SB16 為 508），可以考慮將這四個測量題項刪除。SB15、SB16 經刪除後，再一次進行因子分析，結果表明剩餘各因子所包含的測量題項的載荷系數都大於 0.75，共解釋了方差變異的約 67.90%，表明此量表具有較好的區分效度，各測量題項與理論預期的因子結構完全對應。其中，SB11、SB12、SB13、SB14 都反映的是共生平臺構建和共生介質豐度，可以看出共生界面擴展屬性，因此將此因子命名為「共生界面擴展」。而 SB21、SB22、SB23、SB24、SB25、SB26 都反映的是創新資源分配方向、資源豐度和傳遞效率，因此將該因子命名為「共生能量分配」。

本書採用 Cronbach's Alpha 系數對各部分數據的信度進行了分析，說明所

收集的數據具有穩定性和可靠性，可用做以後的分析。同時，採用探索性因子分析驗證了同一構念中不同測量題項的一致性程度，刪減了部分因子載荷較低的測量題項，提高測量因子的解釋能力，並簡化了數據結構。該預調研量表經修改後，已具有較好的信度與效度，可形成正式問卷。

6.7.3　正式問卷形成

由於問卷設計是否合理將直接關係到搜集到的數據是否符合本研究的需要，影響研究質量，本章節運用 SPSS 進行了預調研分析，並結合相關專家學者和管理人員的訪談意見，對問卷的部分題項進行修正、補充和刪減，對問卷的部分題項進行語句修正。經過預調研之後，本研究的正式問卷形成。

首先，確定問卷內容。依據第 6 章的第 2、3、4、5、6 節對研究假設和變量測量的分析，經過預測試分析的題項精煉，本研究確定正式問卷應包括 5 個部分的基本內容：①企業創新網路結構概況；②企業與創新夥伴之間的關係；③企業創新網路中的共生行為；④企業技術創新績效；⑤企業基本情況。

其次，確定問卷形式。按照國際理論界通用的問卷設計格式，對問卷中的所有測度題項採用李克特 5 級量表進行打分（預調研階段採用 7 級量表進行打分，部分填答者反映對於這些問題來說刻度過於精細，難以快速填答，答題需要花費大量時間進行思考，另外，由於過於精細而無法真實地進行比較，因此正式問卷修改為 5 級量表），要求答卷者按照「1 完全不贊同，2 較贊同，3 一般，4 較不贊同，5 完全不贊同」進行打分。

最後，形成問卷初稿。本研究盡量借鑑已通過檢驗的標準量表，使用了若干個觀測變量來描述和反映潛變量以增進變量測度的信度。在此基礎上通過與被調查者之間多種形式的交流廣泛徵求意見，並根據這些意見和預調研分析結果，修改和刪減了部分題項，形成了正式問卷。正式問卷包括 5 個部分，共計 40 個題項。

6.8　本章小結

本章在傳統 SCP 模型的基礎上，結合企業創新網路理論、共生理論和技術創新管理理論等，構建了 SCP 擴展模型，即「企業創新網路結構—共生行為—企業創新績效」（NCP）分析框架，並在理論模型的基礎上提出了研究假設，選取和設計了各變量測量量表，編制和發放了預調研問卷。為提高本研究

所設計的初始文件的信度與效度，本章在正式調研之前對問卷進行了預測試。採用了遺漏值分析、項目鑑別力分析、探索性因子分析、信度分析等，刪除了4個因素負荷量較低的題項，其中，網路規模量表2個（NS13、NS14），共生行為量表2個（SB15、SB16），再對刪除後的量表進行探索性因子分析發現，各個量表的測量題項均具有較高的因子載荷，說明量表具有較好的信度與效度，可以形成正式問卷。依據預測試的結果，本研究對問卷編號進行了調整和完善。

　　根據探索性因子分析結果，共生行為由三個因子所組成，即共生界面擴展、創新資源豐度和能量分配效率。這與本研究之前形成的概念模型與理論假設略有不同，是否進行修正，本書將在下一章節裡採用大樣本數據通過 EFA 分析法和 CFA 分析法來進行確認。

7 數據分析與結果討論

為了更深入地揭示企業創新網路通過共生行為對技術創新績效的影響機制，這一部分在前面章節所進行的規範性理論推理與問卷調研基礎上進行定量的實證研究來驗證本研究的理論模型與研究假設。

7.1 正式問卷發放與描述性分析

7.1.1 正式問卷的發放與回收

為提高調查問卷的可靠性，我們在正式問卷設計完畢後共發放並回收問卷259份，剔除數據不全和明顯數據有錯的答卷，有效問卷為234份。再結合預調研的180份問卷，本研究共回收到有效問卷414份。

本次調查主要採取滾動取樣法（snowball sampling）獲取樣本數據，在調查過程中主要採用了三種方式發放：一是通過在各高新技術企業或其他企業工作的朋友共60人，以電子郵件形式發放了220份調查問卷，再通過他們轉發給他們認識的其他高新技術企業工作的朋友（都是與企業有合作或業務聯繫的同區域企業）。同時預先通過電話確認他們可能的轉發企業，請他們幫助標明轉發企業的名稱，以防止出現一家企業重複收到多份問卷的情況。本次發放實際回收到195份問卷。二是通過MBA班和商學院培訓班來幫助發放問卷，共發放了120份問卷，實際收到109份問卷。以上兩種方式取得的問卷回覆率與有效率均較好，回覆時間也較快，在電話聯繫後基本上在一周內能夠得到回覆。三是通過網路上的仲介組織，隨機選擇全國範圍的高新技術企業，發放並回收200份問卷。經過兩個月的預調研和正式問卷調查工作，最後發放了490份問卷，共回收問卷450份，其中無效問卷36份，有效問卷414份，有效問卷回收率為84.5%，具體如表7-1所示。有部分受調查者由於沒有完成問卷

的主要部分或者對每個題項都選擇同一答案而造成問卷的無效。

表 7-1　　　　　　　　　問卷發放與回收情況

發放方式	發放數量	回收數量	回收率(%)	有效數量	有效率(%)
自己直接發放	120	109	90.8	89	74.2
業內滾動取樣	220	195	88.6	180	81.8
仲介及其他方式	150	150	100.0	145	96.7
合計	490	454	92.7	414	84.5

資料來源：據本研究整理。

7.1.2　大樣本描述性統計分析

由表 7-2 可知，本次調查的企業範圍涵蓋了高新技術領域的主要產業，包括軟件開發技術、電子信息技術、通信設備製造技術、生物與新醫藥技術、航空航天技術、新材料技術、化工紡織技術等。

表 7-2　　　　　大樣本企業行業類別分布（$N=414$）

類別	樣本數	百分比（%）
軟體	58	14.01
電子及訊息設備製造	111	26.81
生物製藥	54	13.04
新材料	37	8.94
機械製造	89	21.50
化工紡織	43	10.39
其他	22	5.31
合計	414	100

資料來源：據本研究整理。

由表 7-3 可知，本研究的調查對象主要涉及大型企業、中小型企業。

表 7-3　　　　　大樣本企業規模分布（$N=414$）

類別	樣本數	百分比（%）
250 人以下	173	41.79
251~500 人	65	15.70
501~1,000 人	50	12.08

表7-3(續)

類別	樣本數	百分比（%）
1,000人以上	126	30.43
合計	414	100

資料來源：據本研究整理。

由表7-4和表7-5可知，本次調查範圍主要針對中國東中西部的高新技術企業，範圍涵蓋了國有、民營、外資控股公司和經營性事業單位等。

表7-4　　　　　　　　**大樣本企業性質**（$N=414$）

類別	樣本數	百分比（%）
國有或國有控股企業	117	28.26
民營或民營控股企業	212	51.21
外資或外資控股企業	50	12.08
經營性事業單位	35	8.45
合計	414	100

資料來源：據本研究整理。

表7-5　　　　　　　　**大樣本企業地域分布**（$N=414$）

類別	樣本數	百分比（%）
東部	92	22.22
西部	241	58.21
中部	81	19.57
合計	414	100

資料來源：據本研究整理。

由表7-6可知，本次問卷採取的是一個人代表一個樣本企業，被調查者主要是中高層管理人員及技術人員。由於本書所研究的技術創新不局限於企業初創時期的知識，而是包括在企業實際營運的各個階段，不要求必須是董事長、創始人，同時企業中層管理人員及技術人員也能瞭解企業在進行技術創新過程中所遇到的實際問題，也具備發言權。

表 7-6　　　　　　　　被調查者職位情況 （N=414）

類別	樣本數	百分比 （%）
高層管理人員/高級技術人員	110	26.57
中層管理人員/中層技術人員	171	41.30
基層管理人員/基層技術人員	63	15.22
普通職工	70	16.91
合計	414	100

資料來源：據本研究整理。

7.1.3　數據正態分布檢驗

正態分布是連續型隨機變量的理論分布。對於結構方程統計分析法而言，其分析數據資料應滿足正態分布或近似正態分布條件。Hoyle 和 Panter （1995）建議，在撰寫研究報告時，應說明變量的正態、多變量正態性以及峰度的數據。因為某些估計程序明顯受到正態性不足的影響，例如 ML 法 （最大似然估計法）、GLS 法 （普通最小二乘法）。在結構方程分析技術中，通常採用變量常被認為是連續分布的，且具有正態分布殘差。實際的運用中，結構方程分析的殘差並不一定是要單變量的正態分布，而他們的聯合分布卻需要聯合多變量正態性 （JMVN）。由於本研究所用的統計分析工具要求數據具有正態分布的特徵，故在進行正式的變量關係分析之前，有必要對研究數據進行正態分布檢驗，分析的具體結果見表 7-7。

由表 7-7 可知，所有測量數據的偏度系數與峰度系數都比較接近 0，可認為本研究的數據近似地服從正態分布。

表 7-7　　　　　　　　描述統計量 （N=414）

題項	極小值	極大值	均值	標準差	偏度	峰度
NS11	1	5	2.88	1.065	0.646	-0.454
NS12	1	5	3.29	1.179	0.157	-1.239
NS15	1	5	2.61	1.124	0.813	-0.198
NS21	1	5	3.24	1.064	0.039	-0.594
NS22	1	5	3.48	0.958	-0.051	-0.734
NS23	1	5	3.36	1.017	-0.200	-0.464
NS24	1	5	3.29	0.964	-0.075	-0.289
NS31	1	5	3.46	1.038	-0.125	-0.676

表7-7(續)

題項	極小值	極大值	均值	標準差	偏度	峰度
NS32	1	5	3.54	1.014	-0.273	-0.556
NS33	1	5	3.42	0.955	-0.109	-0.567
NS34	1	5	3.53	0.945	-0.051	-0.602
NS35	1	5	3.28	1.022	-0.036	-0.618
NR11	1	5	3.29	0.990	-0.135	-0.573
NR12	1	5	3.43	0.882	-0.239	-0.410
NR13	1	5	3.55	0.977	-0.199	-0.704
NR14	1	5	3.61	0.992	-0.252	-0.725
NR15	1	5	3.57	0.906	-0.254	-0.630
NR21	1	5	3.73	1.011	-0.492	-0.375
NR22	1	5	3.52	0.925	-0.165	-0.502
NR23	1	5	3.63	1.007	-0.432	-0.396
NR24	1	5	3.56	0.982	-0.202	-0.718
NR25	1	5	3.51	0.943	-0.195	-0.516
NR31	1	5	3.30	0.896	-0.029	-0.277
NR32	1	5	3.21	0.894	0.075	-0.489
NR33	1	5	3.45	0.897	-0.173	-0.259
NR34	1	5	3.36	0.929	-0.181	-0.332
NR35	1	5	3.53	0.914	-0.191	-0.447
NR36	1	5	3.44	0.944	-0.299	-0.163
SB11	1	5	3.47	1.043	-0.322	-0.517
SB12	1	5	3.70	0.939	-0.503	-0.368
SB13	1	5	3.56	0.992	-0.416	-0.155
SB14	1	5	3.57	1.043	-0.303	-0.711
SB23	1	5	3.25	0.958	-0.062	-0.469
SB24	1	5	3.27	0.939	0.031	-0.511
SB25	1	5	3.20	0.916	-0.084	-0.255
SB26	1	5	3.21	0.946	0.028	-0.381
IP1	1	5	3.23	1.015	-0.129	-0.496
IP2	1	5	3.17	0.969	0.031	-0.518
IP3	1	5	3.25	1.008	-0.064	-0.796

註：NS1——網路規模；NS2——網路異質性；NS3——網路開放度；NR1——關係強度；NR2——關係久度；NR3——關係質量；SB1——共生界面擴展；SB2——共生能量分配；IP——技術創新績效。

7.2 大樣本信度與效度分析

信度是一個測量的正確性或精確性（Kerlinger，1999），代表著該測量工具是否與研究推論和分析結論相符合，說明該測量工具是否有效和可信，是不是完全與現實情況相符。如果問卷的信度有偏差（易得高分或易得低分的問題偏多等情況），說明問卷的信度較低。一般而言，二次或二個測驗的結果愈一致，則誤差愈小，所得的信度愈高。本研究採用Cronbach's Alpha值來測度整體量表的信度系數和各個構念的信度系數，以衡量該工具是否反映了真實的現實情況。一般認為一份信度系數好的量表或問卷，其總量表的信度系數Cronbach's α值在0.8以上，表示具有高信度，如果在0.7至0.8之間，還是可以接受的範圍。若低於0.6則應考慮重新修訂量表或增删題項（吳明隆，2013）。而效度反映的是測量的正確性，是指測量工具能夠正確地測得研究所要測量的特質與功能。本研究採用內容效度和結構效度來檢驗各個量表的效度。

7.2.1 大樣本探索性因子分析

7.2.1.1 企業創新網路結構因子分析

數據是否適合於因子分析可採用以下判斷依據（馬慶國，2002）：KMO值>0.9，代表十分適合；0.8~0.9，表示較佳；0.7~0.8，一般；0.5~0.6，較勉強；0.5以下，不適合。企業創新網路結構特徵方面的數據通過KMO值和Bartlett球形檢驗結果表明，KMO值為0.880，大於0.8，且Bartlett球形檢驗的統計值顯著性概率為0.000，表示該數據適合於因子分析（見表7-8）。故本研究對210份問卷進行因子分析。

表 7-8　企業創新網路結構因子的 KMO 和 Bartlett 的檢驗

取樣足夠度的 Kaiser-Meyer-Olkin 度量		0.880
Bartlett 的球形度檢驗	近似卡方	1,436.797
	df	66
	Sig.	0.000

經過 KMO 值和 Bartlett 球形檢驗後，本書通過繪制碎石圖萃取出 3 個公共因子，如圖 7-1 所示。

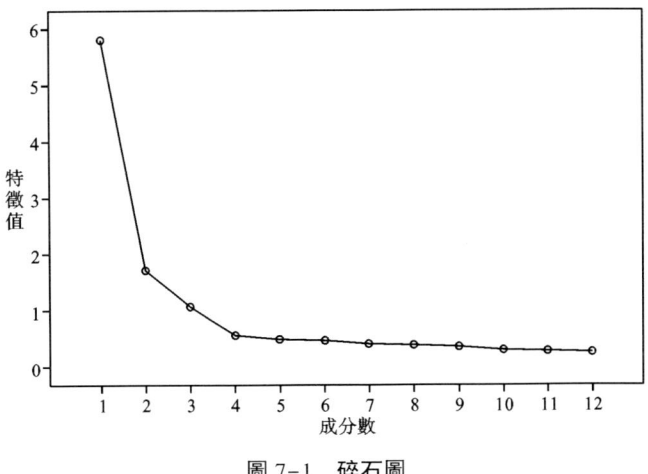

圖 7-1　碎石圖

由圖 7-1 可知，在因子數為「3」的位置出現明顯拐點，說明可萃取出 3 個較為獨立的公共因子。

本研究採用主成分分析法萃取因子，根據特徵根大於 1 的原則提取因子，共提取出 3 個因子，這 3 個因子解釋的變異總量約為 72.66%，如表 7-9 所示。

表 7-9　　　　企業創新網路結構因子解釋的變異總量

成分	初始特徵值 合計	方差的 %	累積 %	提取平方和載入 合計	方差的 %	累積 %	旋轉平方和載入 合計	方差的 %	累積 %
1	5.665	47.206	47.206	5.665	47.206	47.206	3.498	29.150	29.150
2	1.953	16.273	63.479	1.953	16.273	63.479	2.892	24.102	53.253
3	1.102	9.182	72.661	1.102	9.182	72.661	2.329	19.408	72.661
4	0.571	4.757	77.418						
5	0.466	3.887	81.305						
6	0.466	3.883	85.188						
7	0.389	3.243	88.430						
8	0.351	2.924	91.355						
9	0.327	2.726	94.080						
10	0.273	2.276	96.356						
11	0.232	1.930	98.286						
12	0.206	1.714	100.000						

提取方法：主成分分析。

企業創新網路結構經過因子分析後被分為 3 個維度：NS11、NS12、NS15 都反映的是企業的創新夥伴數量，可以看出企業創新網路的規模，因此將此因子命名為「網路規模」。NS21、NS22、NS23、NS24 都反映的是企業創新夥伴來自不同地域、背景、行業等，因此將該因子命名為「網路異質性」。NS31、NS32、NS34、NS35 都反映的是企業是否願意接受新夥伴和對集群外夥伴的聯繫，因此將該因子命名為「網路開放度」。為使抽取因子結構可靠且結果容易解釋，對因子參照軸進行旋轉，旋轉使用方差最大法。旋轉後各因子所包含的測量題項的載荷系數都大於 0.7，表明此量表具有較好的區分效度，各測量題項與理論預期的因子結構完全對應，如表 7-10 所示。

表 7-10　　　　企業創新網路結構的旋轉成分矩陣

維　度	測量題項	因子載荷 1	因子載荷 2	因子載荷 3
網路規模 NS1	NS11	0.042	0.086	0.890
	NS12	0.115	0.091	0.849
	NS15	0.177	0.107	0.824
網路異質性 NS2	NS21	0.299	0.775	0.092
	NS22	0.298	0.811	0.125
	NS23	0.319	0.786	0.155
	NS24	0.246	0.745	0.038
網路開放度 NS3	NS31	0.734	0.371	0.065
	NS32	0.776	0.288	0.181
	NS33	0.780	0.319	0.042
	NS34	0.851	0.210	0.076
	NS35	0.799	0.259	0.207

提取方法：主成分分析法。
旋轉法：具有 Kaiser 標準化的正交旋轉法。
旋轉在 5 次迭代後收斂。

7.2.1.2　企業創新網路關係因子分析

通過 KMO 值和 Bartlett 球形檢驗結果表明，KMO 值為 0.933，大於 0.8，且 Bartlett 球形檢驗的統計值顯著性概率為 0.000，表示該數據適合於因子分析，如表 7-11 所示。

表 7-11　　企業創新網路關係因子的 KMO 和 Bartlett 的檢驗

取樣足夠度的 Kaiser-Meyer-Olkin 度量		0.933
Bartlett 的球形度檢驗	近似卡方	2,608.695
	df	105
	Sig.	0.000

由圖 7-2 可知，在因子數為「3」的位置出現明顯拐點，說明可萃取出 3 個較為獨立的公共因子。

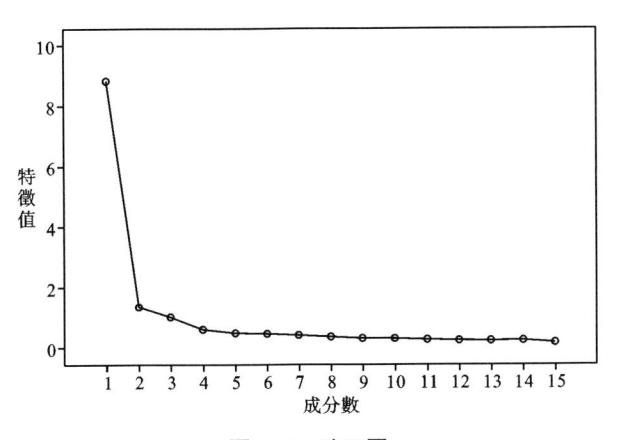

圖 7-2　碎石圖

本研究採用主成分分析法萃取因子，根據特徵根大於 1 的原則提取因子，共提取出 3 個因子，這 3 個因子解釋的變異總量約為 76.14%，見表 7-12。

表 7-12　　企業創新網路關係因子解釋的變異總量

成分	初始特徵值			提取平方和載入			旋轉平方和載入		
	合計	方差的 %	累積 %	合計	方差的 %	累積 %	合計	方差的 %	累積 %
1	8.766	58.438	58.438	8.766	58.438	58.438	3.883	25.887	25.887
2	1.541	10.274	68.713	1.541	10.274	68.713	3.847	25.644	51.531
3	1.114	7.424	76.137	1.114	7.424	76.137	3.691	24.606	76.137
4	0.545	3.636	79.773						
5	0.509	3.395	83.168						
6	0.375	2.502	85.670						

表7-12(續)

成分	初始特徵值 合計	初始特徵值 方差的%	初始特徵值 累積%	提取平方和載入 合計	提取平方和載入 方差的%	提取平方和載入 累積%	旋轉平方和載入 合計	旋轉平方和載入 方差的%	旋轉平方和載入 累積%
7	0.347	2.311	87.980						
8	0.339	2.260	90.241						
9	0.271	1.809	92.050						
10	0.254	1.695	93.745						
11	0.235	1.568	95.313						
12	0.216	1.441	96.754						
13	0.189	1.262	98.016						
14	0.171	1.137	99.152						
15	0.127	0.848	100.000						

提取方法：主成分分析。

為使抽取因子結構可靠且結果容易解釋，對因子參照軸進行正交旋轉，旋轉使用方差最大法。旋轉後各因子所包含的測量題項的載荷係數幾乎都大於0.7，表明此量表具有較好的區分效度，各測量題項與理論預期的因子結構完全對應。其中，NR11、NR12、NR13、NR14、NR15都反映的是企業與創新夥伴之間的交流頻率，可以看出企業創新網路的關係強度，因此將此因子命名為「關係強度」。NR21、NR22、NR23、NS24、NR25都反映的是企業與創新夥伴交流合作的時間跨度，因此將該因子命名為「關係久度」。NR31、NR32、NR33、NR34、NR35都反映的是企業與創新夥伴之間的信任、滿意等，因此將該因子命名為「關係質量」，如表7-13所示。

表7-13　　　　企業創新網路關係的旋轉成分矩陣

維　度	測量題項	因子載荷 1	因子載荷 2	因子載荷 3
關係強度 NR1	NR11	0.261	0.149	0.755
	NR12	0.190	0.223	0.804
	NR13	0.207	0.349	0.773
	NR14	0.288	0.349	0.732
	NR15	0.201	0.385	0.750

表7-13(續)

維　度	測量題項	因子載荷 1	因子載荷 2	因子載荷 3
關係久度 NR2	NR21	0.295	0.693	0.385
	NR22	0.341	0.766	0.251
	NR23	0.263	0.818	0.309
	NR24	0.286	0.823	0.317
	NR25	0.312	0.766	0.266
關係質量 NR3	NR31	0.823	0.199	0.233
	NR32	0.780	0.269	0.238
	NR33	0.842	0.290	0.172
	NR34	0.788	0.337	0.196
	NR35	0.738	0.270	0.348

提取方法：主成分分析法。
旋轉法：具有 Kaiser 標準化的正交旋轉法。
旋轉在 6 次迭代後收斂。

7.2.1.3　共生行為因子分析

通過 KMO 值和 Bartlett 球形檢驗結果表明，KMO 值為 0.846，大於 0.8，且 Bartlett 球形檢驗的統計值顯著性概率為 0.000，表示該數據適合於因子分析，見表 7-14。

表 7-14　　共生行為因子的 KMO 和 Bartlett 的檢驗

取樣足夠度的 Kaiser-Meyer-Olkin 度量		0.846
Bartlett 的球形度檢驗	近似卡方	1095.718
	df	45
	Sig.	0.000

經過 KMO 值和 Bartlett 球形檢驗檢驗後，本書通過繪制碎石圖得到了 3 個因子，具體如圖 7-3 所示。

圖 7-3 碎石圖

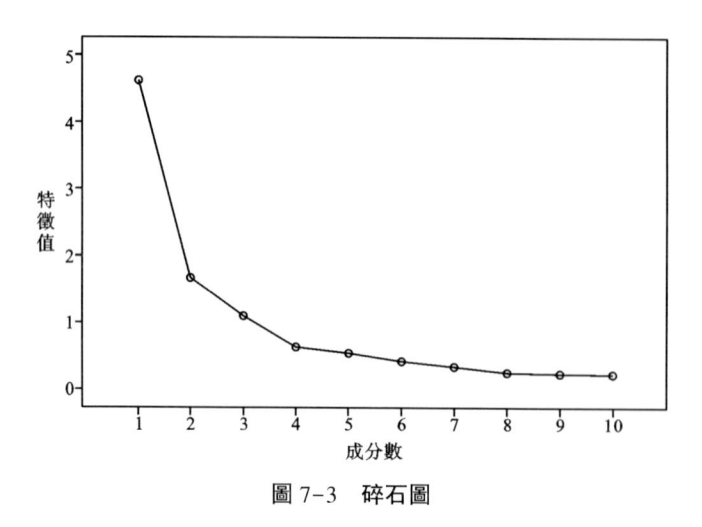

由圖 7-3 可知，在因子數為「3」的位置出現明顯拐點，說明可萃取出 3 個較為獨立的公共因子。

本研究採用主成分分析法萃取因子，根據特徵根大於 1 的原則提取因子，共提取出 3 個因子。這 3 個因子解釋的變異總量約為 74.53%。第 4 個因子的特徵值明顯小於 1，這說明，共生行為僅存在 3 個維度，見表 7-15。

表 7-15　　　　　共生行為因子解釋的變異總量

成分	初始特徵值 合計	方差的 %	累積 %	提取平方和載入 合計	方差的 %	累積 %	旋轉平方和載入 合計	方差的 %	累積 %
1	4.561	45.613	45.613	4.561	45.613	45.613	3.024	30.239	30.239
2	1.638	16.375	61.989	1.638	16.375	61.989	2.918	29.176	59.415
3	1.254	12.543	74.532	1.254	12.543	74.532	1.512	15.117	74.532
4	0.615	6.145	80.677						
5	0.510	5.100	85.777						
6	0.406	4.065	89.842						
7	0.304	3.044	92.886						
8	0.265	2.654	95.540						
9	0.244	2.444	97.984						
10	0.202	2.016	100.000						

提取方法：主成分分析。

對因子參照軸進行正交旋轉，旋轉使用方差最大法（varimax）。旋轉後各因子所包含的測量題項的載荷系數基本都大於 0.7，表明此量表具有較好的區分效度，各測量題項與理論預期的因子結構完全對應。其中，SB11、SB12、

SB13、SB14都反映的是共生平臺構建和共生介質豐度，可以看出共生界面擴展屬性，因此將此因子命名為「共生界面擴展」。而SB23、SB24、SB25、SB26都反映的是創新資源傳遞、整合效率問題，因此將該因子命名為「能量分配效率」。SB21和SB22反映的是創新資源豐度問題，可將該因子命名為「創新資源豐度」，如表7-16所示。

表7-16　　　　　　　共生行為的旋轉成分矩陣

維　度	測量題項	因子載荷 1	因子載荷 2	因子載荷 3
能量分配效率 SB3	SB23	0.820	0.256	0.114
	SB24	0.863	0.172	0.131
	SB25	0.860	0.209	0.007
	SB26	0.828	0.165	0.106
共生界面擴展 SB1	SB11	0.244	0.646	0.186
	SB12	0.189	0.892	0.018
	SB13	0.186	0.853	0.105
	SB14	0.183	0.869	0.149
創新資源豐度 SB2	SB21	0.104	0.228	0.797
	SB22	0.099	0.050	0.876

提取方法：主成分分析法。
旋轉法：具有Kaiser標準化的正交旋轉法。
旋轉在4次迭代後收斂。

7.2.2　大樣本信度分析

因素分析完成後，為進一步瞭解問卷的可靠性與有效性，本書採用Cronbach's α係數進行信度檢驗。Cronbach's α係數屬於內部一致性信度的一種，常用於李克特式量表。如果一個量表的信度越高，代表量表越穩定。分量表信度指標的判別準則為：0.9以上，非常理想；0.8~0.9之間，甚佳；0.7~0.8之間，佳；0.6~0.7之間，尚可；0.5~0.6之間，可以但偏低；0.5以下，最好不要（吳明隆，2013）。

本書檢查量表的內部一致性信度來判定量表的信度水平，可從以下兩個方面判斷量表的信度是否合理：①整體量表內部一致性信度；②各個潛變量量表內部一致性信度。本書分別計算各維度的Cronbach's α係數與整體量表的Cronbach's α係數。具體分析結果如表7-17所示。

表 7-17　　　　　　　　　　　　正式量表信度

量表（項數）	均值	項的方差	內部一致性信度
NS1（3）	2.922	1.288	0.835
NS2（4）	3.360	1.051	0.859
NS3（5）	3.497	1.068	0.902
NR1（5）	3.557	0.885	0.903
NR2（5）	3.682	0.935	0.931
NR3（5）	3.453	0.829	0.922
SB1（4）	3.477	0.874	0.872
SB2（2）	3.074	0.973	0.637
SB3（4）	3.112	0.811	0.894
IP（3）	3.243	1.028	0.871
總體（40）	3.385	0.961	0.964

資料來源：據本研究整理。

通過可靠性分析可見，本研究正式量表的整體量表內部一致性信度為0.946，各個潛變量量表內部一致性信度基本大於0.8，這說明量表各個題項之間的一致性較高，正式量表具有較好的內部一致性。

7.2.3　大樣本效度分析

效度檢驗通常有三種：內容效度、效標關聯度和建構效度。因為測量難度問題，研究者通常只能選擇其中一種或幾種來說明變量數據的效度（榮泰生，2009）。本研究選擇內容效度和建構效度作為指標進行檢驗。

內容效度（content validity），又被稱為表面效度，是指量表對所需測量構念的涵蓋程度。一般而言，內容效度由研究者自己來判斷，其方法為「測量工具是否可以真正測量到研究者所要測量的變量；測量工具是否涵蓋了研究所需的變量」（邱皓政，林碧芳，2009）。

7.2.3.1　內容效度

內容效度（content validity）反映測量工具的合適性。如果調查問卷的題項設計涵蓋了研究涉及的所有概念及內容，就可以認為問卷具有良好的內容效度。本研究以共生理論、企業創新網路理論及技術創新理論等的相關研究成果為基礎，結合企業經營管理者和專家學者對問卷內容的建議，對有異議的題項和需要增補的題項進行了審查和精修，能夠保證本研究所採用的調查問卷與真實的現實情況具有一致性，達到內容效度的要求。

7.2.3.2 建構效度

前文通過探索性因子分析方法得出企業創新網路結構特徵、關係特徵與共生行為的因子結構模型，這些因子結構模型還需要通過驗證性因子分析提供的檢驗與擬合指標來證實。本研究採用結構方程（SEM）的方法來進行各量表的結構效度檢驗。

對於量表的結構效度，本研究採用 204 份數據、使用結構方程軟件進行驗證性因子分析對其進行考察。驗證性因子分析主要有兩類方法，一類是進行多因素斜交模型檢驗，另一類是進行多因素直交檢驗，具體採用哪種方法，取決於因子之間是否存在相關，本書考慮到探索性因子分析中進行因子間 Pearson 相關分析的結果，因子間存在相關，適合採用多因素斜交模型來檢驗。

（1）創新網路結構的驗證性因子分析

本書運用 AMOS 軟件對 204 份問卷進行結構方程建模分析，結合探索性因子分析結果，選擇構思模型的各因子載荷較大的問題項目作為潛變量的外源變量，首先對企業創新網路結構的 3 個維度進行一階驗證性因子分析，分析模型如圖 7-4 所示。

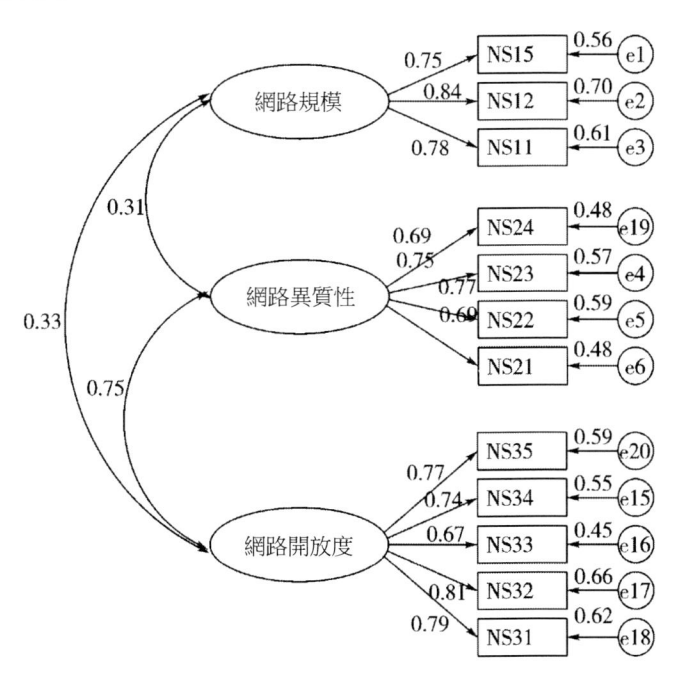

（CMIN=93.212; DF=51; CMIN/DF=1.828; GFI=0.924; NFI=0.911; RSMEA=0.068; CFI=0.957; IFI=0.958）

圖 7-4　企業創新網路結構的驗證性因子分析結果

在企業創新網路結構量表的 3 因子驗證性因子分析模型中，CMIN/DF 的值小於 3，GFI、AGFI、NFI 的值均大於 0.9，RMSEA 的值小於 0.1，各項指標擬合程度處於較佳適配，該結果驗證了企業創新網路結構可由網路規模、網路異質性和網路開放度三個因子構成，故研究假設 H1 得以驗證。

（2）創新網路關係的驗證性因子分析

根據探索性因子分析，構建了企業創新網路關係的測量模型，對 3 個維度進行一階驗證性因子分析，分析模型如圖 7-5 所示。

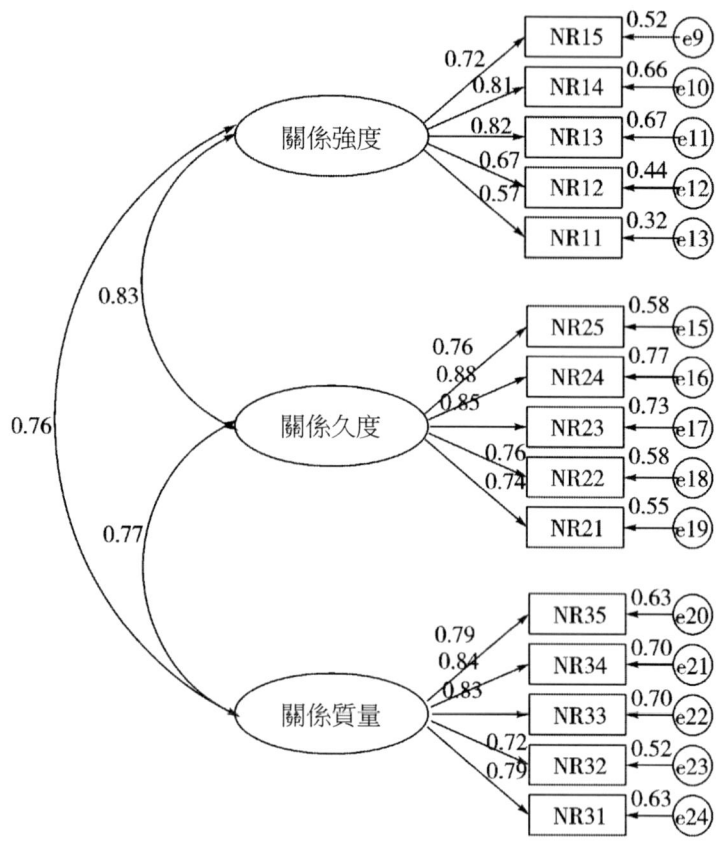

(CMIN=182.119; DF=87; CMIN/DF=2.093; GFI=0.875;
NFI=0.900; RMSEA=0.072; IFI=0.945; CFI=0.945)

圖 7-5　企業創新網路關係的驗證性因子分析結果

在企業創新網路關係量表的 3 因子驗證性因子分析模型中，CMIN/DF 的值小於 3，GFI、AGFI、NFI 的值均大於 0.85，RMSEA 的值小於 0.1，各項指標擬合程度處於中度適配，該結果驗證了企業創新網路關係是由關係強度、關

係久度和關係質量三個因子所組成，故研究假設 H2 得以驗證。

(3) 共生行為的驗證性因子分析

共生行為量表是由本研究需要而開發設計的，為檢驗本研究所確立的模型是否為最佳理論模型，故採用驗證性因子分析比較多個可能結構組合模型間的優劣。根據相關文獻分析，本研究認為這三個因子之間的可能組合如下：

①三因子模型（M1）：檢查三個因子是否同屬共生行為因子。

②兩因子模型（M2）：將共生界面擴展與創新資源豐度合併，構建兩因子模型。

③兩因子模型（M3）：將能量分配效率與創新資源豐度合併，構建兩因子模型。

④單因子模型（M4）：對 10 個題項不做區分，探討其是否屬於一個整體構念。

表 7-18　　　　　　　　競爭模型擬合指標比較

競爭模型 \ 擬合指標	χ^2	df	$\dfrac{\chi^2}{df}$	RSMEA	GFI	IFI	CFI	NFI
三因子模型 M1	62.019	32	1.938	0.068	0.944	0.970	0.970	0.942
兩因子模型 M2	184.320	34	5.421	0.157	0.814	0.857	0.856	0.830
兩因子模型 M3	120.446	34	3.543	0.119	0.881	0.918	0.917	0.889
單因子模型 M4	294.027	35	8.401	0.203	0.711	0.753	0.751	0.729

資料來源：據本研究整理。

通過以上各個模型的擬合指標以及判斷標準的比較，初步說明三因子模型 M1 的擬合指標明顯優於兩因子模型 M2、M3 以及單因子模型 M4，這說明本研究構建的三因子模型是共生行為量表較好的維度結構，具體如圖 7-6 所示。

在共生行為量表的 3 因子驗證性因子分析模型中，CMIN/DF 的值小於 2，GFI、AGFI、NFI 的值均大於 0.9，RMSEA 的值小於 0.8，各項指標擬合程度處於較佳適配。該結果驗證了共生行為是由共生界面擴展、創新資源豐度和能量分配效率三個因子所組成，故研究假設 H5 基本得以驗證。

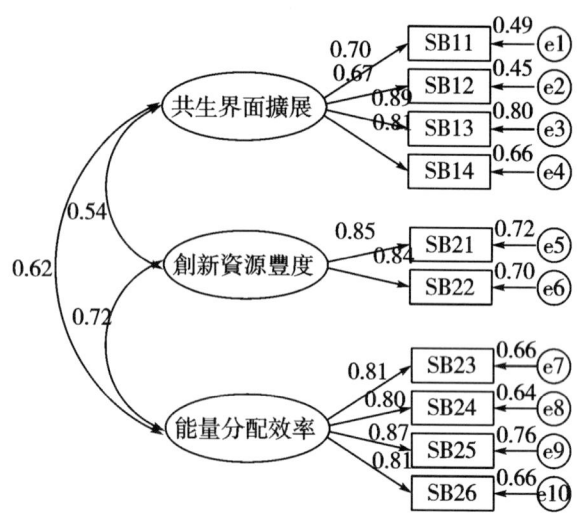

圖 7-6　共生行為的驗證性因子分析結果

7.2.4　變量間 Pearson 相關係數

從表 7-18 中可看出量表中各個變量之間的相關係數幾乎小於 0.7，因此各個變量之間存在多重共線性的可能性不大。由表 7-18 的結果可知，各個變量之間存在顯著相關關係，可建立結構方程模型進一步分析各個變量之間的影響作用。

7.2.5　獨立樣本 T 檢驗與方差分析

採用單因素方差分析（one-way ANOVA）進行技術創新績效、共生行為在企業性質、企業規模上的差異分析。由於本研究選取樣本都是高新技術企業，樣本在行業類別方面存在較少差異，故在後續研究中不需要控製行業類別對上述變量的影響。

首先分析技術創新績效、共生行為變量在企業規模分組上的差異，分析結果見表 7-19。

表 7-18　變量間 Pearson 相關係數

	均值	標準差	IP1	IP2	IP3	SB1	SB2	SB3	NR1	NR2	NR3	NS1	NS2	NS3	IP	SB
IP1	3.23	1.015	1													
IP2	3.17	0.969	0.685**	1												
IP3	3.25	1.008	0.608**	0.716**	1											
SB1	3.399,2	0.736,22	0.606**	0.580**	0.560**	1										
SB2	3.072,5	0.683,96	0.333**	0.395**	0.441**	0.612**	1									
SB3	3.195,7	0.778,26	0.537**	0.543**	0.544**	0.653**	0.462**	1								
NR1	3.489,9	0.794,56	0.570**	0.587**	0.561**	0.646**	0.454**	0.549**	1							
NR2	3.587,9	0.850,10	0.586**	0.591**	0.609**	0.673**	0.452**	0.623**	0.732**	1						
NR3	3.370,0	0.783,65	0.564**	0.618**	0.589**	0.656**	0.487**	0.641**	0.655**	0.693**	1					
NS1	2.927,5	0.962,36	0.361**	0.459**	0.465**	0.348**	0.357**	0.345**	0.352**	0.383**	0.327**	1				
NS2	3.343,0	0.834,77	0.569**	0.544**	0.511**	0.664**	0.394**	0.508**	0.624**	0.645**	0.514**	0.357**	1			
NS3	3.444,9	0.837,51	0.563**	0.614**	0.584**	0.662**	0.426**	0.495**	0.651**	0.723**	0.591**	0.376**	0.666**	1		
IP	3.219,0	0.880,44	0.868**	0.904**	0.878**	0.659**	0.441**	0.613**	0.648**	0.674**	0.668**	0.484**	0.613**	0.664**	1	
SB	3.222,4	0.621,12	0.586**	0.601**	0.610**	0.893**	0.802**	0.845**	0.651**	0.692**	0.705**	0.413**	0.619**	0.625**	0.678**	1

註：IP——技術創新績效；IP1——新產品數量；IP2——新產品研發速度和成功率；IP3——新產品推出後的市場反應；SB——共生行為；SB1——共生界面廣度；SB2——創新資源豐度；SB3——能量分配效率；NR1——關係強度；NR2——關係久度；NR3——關係質量；NS1——網路規模；NS2——網路異質性；NS3——網路開放度。

**，在 0.01 水平（雙側）上顯著相關；*，在 0.05 水平上顯著相關。

表 7-19　　　　　技術創新績效在企業規模上的差異分析

變量		平方和	df	均方	F	顯著性	方差齊性檢驗
IP	組間	0.670	3	0.223	0.301	0.825	0.638	是
	組內	190.562	257	0.741			
	總數	191.232	260				
SB	組間	2.212	3	0.737	1.008	0.390	0.939	是
	組內	189.522	259	0.732			
	總數	191.734	262				

註：IP——技術創新績效；SB——共生行為。

結果表明：技術創新績效、共生行為在企業規模分組上均不存在顯著差異，故在後續研究中不需要控製行業類別對上述變量的影響。

採用相同的方法分析技術創新績效、共生行為在企業性質上的差異，結果見表7-20。

表 7-20　　　　　技術創新績效在企業性質上的差異分析

變量		平方和	df	均方	F	顯著性	方差齊性檢驗
IP	組間	7.674	4	1.918	2.511	0.161	0.122	是
	組內	312.470	409	0.764			
	總數	320.144	413				
SB	組間	6.225	4	1.556	2.179	0.271	0.250	是
	組內	292.079	409	0.714			
	總數	298.304	413				

註：IP——技術創新績效；SB——共生行為。

結果表明：共生界面擴展在企業性質分組上不存在顯著差異，在後續研究中不需要控製企業性質對該變量的影響。而技術創新績效、共生行為和共生能量分配在企業性質分組上均存在顯著差異，故在後續研究中需要控製企業性質對上述變量的影響。

因此，在無須考慮控製變量影響的情況下，接下來可建立結構方程模型進一步分析各個變量之間的影響作用。

7.3 結構方程建模方法

7.3.1 SEM方法

結構方程建模方法（SEM）是一種綜合利用多元迴歸分析、方差分析、路徑分析、因子分析和帶潛變量的因果關係的一種統計數據分析工具。其目的和最大的功用在於：①探究變量之間的因果關係，②實現對抽象概念的量化測量及其與其他抽象概念之間的關係檢驗。結構方程模型主要由測量模型和結構模型兩部分構成。測量模型主要用於考察潛在變量與觀察變量（外顯變量、測量變量）之間的關係強度，也就是潛在變量對觀察變量的解釋力度。單純的驗證性因子分析就是一個完整的測量模型。結構模型是結構方程的核心部分，主要用於考察研究假設中各個潛在變量之間的關係，是一組類似多元迴歸分析中描述外生變量和內生變量間定量關係的模型。

SEM所研究的變量從測量的角度可分為顯變量和潛變量。顯變量（manifest variable）為可直接觀測並測量的變量，又稱觀察變量（observed variable）。潛在變量不能直接觀察，可以通過顯變量間接獲得。從變量生成的角度，可將SEM中的變量劃分為外生變量和內生變量。外生變量指在模型中不受其他變量影響的變量，無前「因」，但有作用之「後果」，相當於自變量的概念。內生變量是指模型中受到其他變量的影響的變量，相當於迴歸方程中的因變量概念，但考慮到結構方程模型中變量設定的複雜關係，內生變量又可分為兩種，一種相當於純粹因變量的概念，另外一種是既作為外生變量的果而存在，又作為其他內生變量的因而存在，仲介變量屬於此類內生變量。

運用結構方程作為本研究的分析方法主要是基於以下幾點考慮：①本研究的概念較為抽象，並且不止一個內生變量；②外生變量和內生變量包含有對測量誤差的衡量，而傳統的統計工具卻假定不存在測量誤差，這使得運用結構方程對變量之間數量關係的探討更為精確；③可以同時對包含測量模型的潛在變量即潛在變量之間的數量關係進行估計；④可以通過一系列模型的適配擬合指數，實現對理論模型的整體檢驗，驗證理論假設關係模型是否在經驗研究中被接受。

7.3.2 擬合指數準則

結構方程擬合指數主要是用於考察理論假設模式與觀察資料間的一致性程

度,也就是理論模式與真實模式的適配問題。理論模式的適配問題是指一個理論模式與產生資料的真實模式在結構和參數值的符合程度。而經驗適配是指理論映含模式的共變結構與樣本共變數之間的擬合程度。真實經驗適配是母群體共變結構與理論映含的共變結構之間的符合程度。Olsson 等(2000)特別指出即使依據經驗適配而表現很好的方法也可能會得到一個很差的理論適配。一個理想的擬合指數應具備以三個特徵(侯杰泰,等,2006):①擬合指數不會受到樣本容量的影響;②擬合指數要根據模型參數多寡而調整,懲罰參數多的模型;③對誤設模型敏感,即如果所擬合的模型參數過多或過少,擬合指數能反映擬合不好。

擬合指數按其功能劃分側重點的不同有不同的分類,但目前結構方程運用中都普遍將擬合指數分為三大類:①絕對適配指數(absolute fit index);②相對適配擬合指數(incremental fit index);③節制適配指數(parsimonious fit index),也稱為簡約適配指數。

7.3.2.1 絕對適配擬合指數

常用的絕對擬合指數主要有 χ^2,RMSEA(Root Mean Square Error of Approximation,即近似誤差均方根),SRMR(Standardized Root Mean Square Residual,即標準化殘差均方根),GFI(goodness-fit index)和 AGFI(adjusted goodness-of-fitindex)等。Hu 和 Bentler(1995)認為,絕對適配擬合指數常常會受到樣本大小的影響,在不同的情況會出現不同程度的誤差。相對而言,RMSEA 受樣本大小的影響較少,是較好的絕對擬合指數。

7.3.2.2 相對適配擬合指數

相對適配指數是通過將理論模型(M_t)和基準模型比較得到的統計量。通常用虛無模型(M_n)作為基準模型,它是限制最多擬合最差的模型。與虛無模型相反的模型假定是飽和模型(M_s)概念,即擬合最好的。簡單來說,相對擬合指數是將理論模型與虛無模型進行比較,看看擬合程度改進了多少。Bentler 和 Bonett(1980)提出,應將指數值限制在[0,1]期間,M_n 其值越大,表示模型擬合越好。M_n 和 M_s 分別對應 0 和 1,M_t 對應的指數則落於[0,1]期間內,其值越大表示模型擬合越好。根據這一思想,發展出了許多相對適配指標。Bentler, Bonett(1980)提出了0.9準則,認為相對適配指標超過0.9時,模型可以接受。這一準則受到研究人員的普遍推崇。

根據 Hu 和 Bentler(1995)的觀點,相對適配指標可分為三類:①相對基準模型的卡方,理論模型的卡方減少的比例,典型的是 NFI;②理論模型的卡方在中心卡方分布下的期望進行調整,如 NNFI;③理論模型或基準模型的卡

方在非中心卡方分布下的期望進行調整，如 CFI。在相對適配擬合指標中，最好使用 NNFI 和 CFI（溫忠麟，侯杰泰，Marsh，1990）。

7.3.2.3 節制適配擬合指數

節制適配擬合指數也有學者翻譯為簡約/效適配擬合指數，主要目標在於呈現某一特殊水準的模式適配的估計系數的數目是多少。對於節制適配擬合指數的一個操作定義是，檢驗模型的自由度與虛無模式的自由度之比率（Marsh，Hau，1998）。節制適配擬合指數主要包括簡效規範適配指標（PNFI, parsimonious normed fit index）、簡效良性適配指標（PGFI, parsimonious googness-of-fit index）、Akaike 訊息標準指標（AIC, Akaike information criterion）、CN 和規範卡方（Normed chi-square）。

值得注意的是模型擬合的大多數適配指標都是在卡方函數的基礎上進行修正而成。而簡效適配指標是對前兩類指數派生出來的一類指數，在分類上較少單獨作為一類列出（侯杰泰等，2006）。因此，本書根據上述專家的建議，擬選取絕對適配指標和相對適配指標作為模型適配檢驗的依據（詳見表7-22）。

表 7-22　　　　　模型檢驗適配指標及考察指數

指標類型	指標名稱	建議門檻
絕對適配指標	χ^2/df	≤3 或 ≤5
	RMSEA	≤0.05 或 ≤0.08
	GFI	≥0.8 或 ≥0.9
相對適配指標	NFI	≥0.9
	CFI	≥0.9
	IFI	≥0.9

7.4 模型擬合與假設檢驗

本研究在問卷搜集數據進行信度和效度檢驗後，將運用結構方程建模對前文的概念模型和研究假設進行檢驗和分析，設定了基於 AMOS17.0 的結構方程初始模型並導入數據計算，分析結果如下。

7.4.1 結構特徵與技術創新績效間的關係分析

採用皮爾遜相關係數計算網路規模、網路異質性、網路開放度與技術創新

績效之間的關係,具體結果如表 7-23 所示。結果表明,網路規模、網路異質性、網路開放度與技術創新績效之間均存在顯著的正向相關關係,分別為 $r=0.484^{**}$、$r=0.613^{**}$、$r=0.664^{**}$ ($p<0.01$)。並且,這些變量之間不存在多重共線性的問題。

表 7-23　企業創新網路結構特徵與技術創新績效間的皮爾遜相關係數表

($N=414$)

	均值	標準差	NS1	NS2	NS3	IP
NS1	2.927,5	0.962,36	1			
NS2	3.343,0	0.834,77	0.357**	1		
NS3	3.444,9	0.837,51	0.376**	0.666**	1	
IP	3.219,0	0.880,44	0.484**	0.613**	0.664**	1

註:* $p<0.05$,** $p<0.01$,NS1——網路規模,NS2——網路異質性,NS3——網路開放度,IP——創新績效。

採用結構方程模型分析企業創新網路結構特徵對技術創新績效的影響作用,將網路規模、網路異質性、網路開放度和技術創新績效同時納入結構方程模型中,模型擬合較好,見圖 7-7。

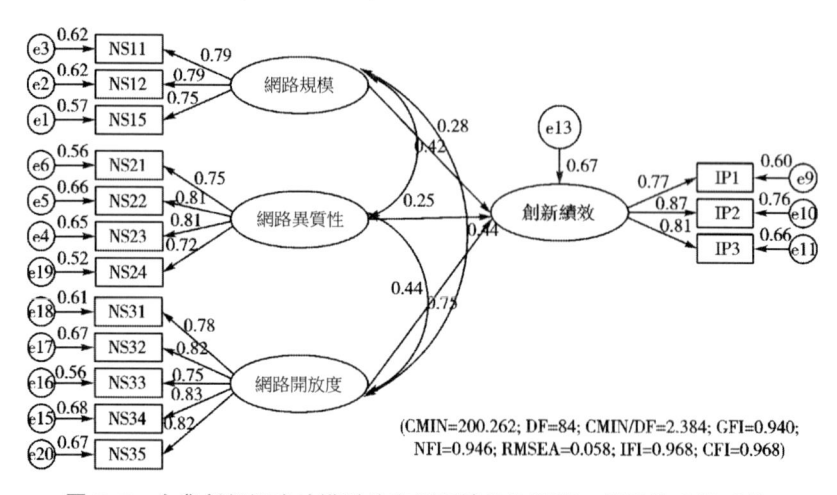

圖 7-7　企業創新網路結構對技術創新績效的影響(標準化路徑係數)

表 7-24　　　　　　　　　　　　　非標準化迴歸系數

			Estimate	S.E.	C.R.	P
創新績效	←	網路規模	0.262	0.046	5.753	***
創新績效	←	網路異質性	0.240	0.066	3.628	***
創新績效	←	網路開放度	0.443	0.071	6.220	***
NS15	←	網路規模	1.000			
NS12	←	網路規模	1.098	0.077	14.227	***
NS11	←	網路規模	0.990	0.070	14.213	***
NS23	←	網路異質性	1.000			
NS22	←	網路異質性	0.945	0.054	17.555	***
NS21	←	網路異質性	0.968	0.061	15.963	***
IP1	←	創新績效	1.000			
IP2	←	創新績效	1.076	0.059	18.303	***
IP3	←	創新績效	1.043	0.061	17.080	***
NS34	←	網路開放度	1.000			
NS33	←	網路開放度	0.914	0.054	16.982	***
NS32	←	網路開放度	1.061	0.055	19.214	***
NS31	←	網路開放度	1.040	0.058	18.084	***
NS24	←	網路異質性	0.844	0.055	15.245	***
NS35	←	網路開放度	1.073	0.056	19.299	***

註：***，$p<0.001$。

表 7-25　　　　　　　　　　　　　標準化迴歸系數

			Estimate
創新績效	←	網路規模	0.282
創新績效	←	網路異質性	0.251
創新績效	←	網路開放度	0.439
NS15	←	網路規模	0.753
NS12	←	網路規模	0.788
NS11	←	網路規模	0.787
NS23	←	網路異質性	0.808
NS22	←	網路異質性	0.810
NS21	←	網路異質性	0.748
IP1	←	創新績效	0.775
IP2	←	創新績效	0.874

表7-25(續)

			Estimate
IP3	←	創新績效	0.814
NS34	←	網路開放度	0.825
NS33	←	網路開放度	0.747
NS32	←	網路開放度	0.816
NS31	←	網路開放度	0.782
NS24	←	網路異質性	0.720
NS35	←	網路開放度	0.819

從上述分析結果可見，網路規模、網路異質性和網路開放度對技術創新績效均具有顯著的正向影響作用，其標準化迴歸系數分別為 $\beta=0.28^{***}$、$\beta=0.25^{***}$、$\beta=0.45^{***}$（$p<0.001$）。同時可見網路開放度對技術創新績效的影響作用較大。因此，研究假設 H3、H31、H32 及 H33 均得到驗證。

7.4.2 結構特徵與共生行為間的關係探析

採用皮爾遜相關係數計算網路規模、網路異質性、網路開放度與共生行為之間的關係，具體結果如表 5-26 所示。結果表明，網路規模、網路異質性、網路開放度與共生行為之間均存在顯著的正向相關關係，分別為 $r=0.413^{**}$、$r=0.619^{**}$、$r=0.625^{**}$。並且，這些變量之間不存在多重共線性的問題。

表 7-26　企業創新網路結構特徵與共生行為間的皮爾遜相關係數表（$N=414$）

	均值	標準差	NS1	NS2	NS3	SB
NS1	2.927,5	0.962,36	1			
NS2	3.343,0	0.834,77	0.357**	1		
NS3	3.444,9	0.837,51	0.376**	0.666**	1	
SB	3.222,4	0.621,12	0.413**	0.619**	0.625**	1

註：* $p<0.05$，** $p<0.01$，NS1——網路規模，NS2——網路異質性，NS3——網路開放度，SB——共生行為。

採用結構方程模型分析企業創新網路結構特徵對共生行為的影響作用，將網路規模、網路異質性、網路開放度和共生行為同時納入結構方程模型中，模型擬合較佳，見圖 7-8。

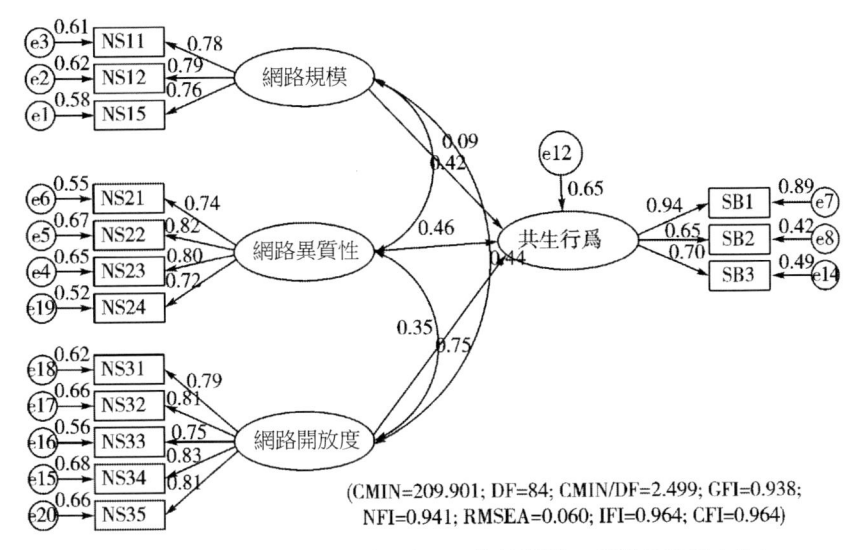

圖 7-8　企業創新網路結構對共生行為的影響（標準化路徑係數）

表 7-27　　　　　　　　　　　非標準化迴歸係數

			Estimate	S.E.	C.R.	P
共生行為	←	網路異質性	0.389	0.059	6.640	***
共生行為	←	網路開放度	0.313	0.059	5.265	***
共生行為	←	網路規模	0.071	0.037	1.933	0.053
NS15	←	網路規模	1.000			
NS12	←	網路規模	1.085	0.077	14.115	***
NS11	←	網路規模	0.970	0.069	14.050	***
NS23	←	網路異質性	1.000			
NS22	←	網路異質性	0.963	0.054	17.838	***
NS21	←	網路異質性	0.968	0.061	15.841	***
SB1	←	共生行為	1.000			
SB2	←	共生行為	0.636	0.044	14.459	***
SB3	←	共生行為	0.785	0.049	16.085	***
NS34	←	網路開放度	1.000			
NS33	←	網路開放度	0.914	0.054	16.981	***
NS32	←	網路開放度	1.056	0.055	19.071	***
NS31	←	網路開放度	1.050	0.057	18.320	***
NS24	←	網路異質性	0.850	0.056	15.257	***
NS35	←	網路開放度	1.067	0.056	19.140	***

註：***，$p<0.001$。

表 7-28　　　　　　　　　　　標準化迴歸係數

			Estimate
共生行為	←	網路異質性	0.458
共生行為	←	網路開放度	0.352
共生行為	←	網路規模	0.088
NS15	←	網路規模	0.761
NS12	←	網路規模	0.788
NS11	←	網路規模	0.779
NS23	←	網路異質性	0.803
NS22	←	網路異質性	0.820
NS21	←	網路異質性	0.742
SB1	←	共生行為	0.942
SB2	←	共生行為	0.645
SB3	←	共生行為	0.699
NS34	←	網路開放度	0.826
NS33	←	網路開放度	0.748
NS32	←	網路開放度	0.813
NS31	←	網路開放度	0.790
NS24	←	網路異質性	0.720
NS35	←	網路開放度	0.815

從上述分析結果可見，網路規模對共生行為不具有顯著的正向影響作用，其標準化迴歸系數為 $\beta=0.07$（$p=0.053>0.05$）。網路異質性、網路開放度對共生行為均具有顯著的正向影響作用，其標準化迴歸系數分別為 $\beta=0.46^{***}$、$\beta=0.35^{***}$（$p<0.001$），同時可見網路異質性對共生行為的影響作用較大。故，研究假設 H72 和 H73 得以驗證，但研究假設 H71 沒有得到支持，所以研究假設 H7 僅部分通過驗證。

7.4.3　共生行為對技術創新績效的影響分析

採用皮爾遜相關係數計算共生行為、共生界面擴展、共生能量分配與技術創新績效之間的關係，具體結果如表 7-29 所示。結果表明，共生行為與技術創新績效之間均存在顯著的正向相關關係，相關係數為 $r=0.678^{**}$。並且，變量之間不存在多重共線性的問題。

表 7-29　共生行為與技術創新績效間的皮爾遜相關係數表 ($N=414$)

	均值	標準差	SB	IP
SB	3.222,4	0.621,12	1	
IP	3.219,0	0.880,44	0.678**	1

註：雙尾檢驗，* $p<0.05$，** $p<0.01$，SB——共生行為，IP——技術創新績效。

採用結構方程模型分析共生行為對技術創新績效的影響作用，將共生行為和技術創新績效同時納入結構方程模型中，模型擬合較佳，見圖7-9所示。

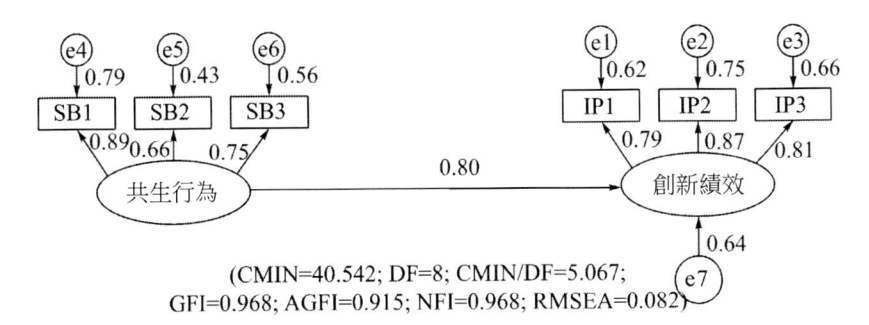

(CMIN=40.542; DF=8; CMIN/DF=5.067; GFI=0.968; AGFI=0.915; NFI=0.968; RMSEA=0.082)

圖 7-9　共生行為對技術創新績效的影響（標準化路徑係數）

表 7-30　　　　　　　　　　非標準化迴歸係數

			Estimate	S.E.	C.R.	P
創新績效	←	共生行為	0.976	0.070	13.867	***
IP1	←	創新績效	1.000			
IP2	←	創新績效	1.049	0.058	18.190	***
SB1	←	共生行為	1.000			
SB2	←	共生行為	0.685	0.049	13.958	***
SB3	←	共生行為	0.891	0.054	16.377	***
IP3	←	創新績效	1.024	0.060	17.133	***

註：***，$p<0.001$。

表 7-31　　　　　　　　　　標準化迴歸係數

			Estimate
創新績效	←	共生行為	0.799
IP1	←	創新績效	0.787
IP2	←	創新績效	0.865
SB1	←	共生行為	0.888
SB2	←	共生行為	0.655
SB3	←	共生行為	0.749
IP3	←	創新績效	0.811

從上述分析結果可見，共生行為對技術創新績效具有顯著的正向影響作用，其標準化迴歸係數為 $\beta = 0.80^{***}$（$p<0.001$）。因此，研究假設 H6 得以驗證。

7.4.4　關係特徵與技術創新績效間的作用分析

採用皮爾遜相關係數計算關係強度、關係久度、關係質量與技術創新績效之間的關係，具體結果如表 7-32 所示。結果表明，關係強度、關係久度、關係質量與技術創新績效之間均存在顯著的正向相關關係，分別為 $r=0.648^{**}$、$r=0.674^{**}$、$r=0.668^{**}$。並且，各變量之間不存在多重共線性問題。

表 7-32　共生行為與技術創新績效間的皮爾遜相關係數表（$N=414$）

	均值	標準差	NR1	NR2	NR3	IP
NR1	3.489,9	0.794,56	1			
NR2	3.587,9	0.850,10	0.732**	1		
NR3	3.370,0	0.783,65	0.655**	0.693**	1	
IP	3.219,0	0.880,44	0.648**	0.674**	0.668**	1

註：雙尾檢驗，* $p<0.05$，** $p<0.01$，NR1——關係強度，NR2——關係久度，NR3——關係質量，IP——技術創新績效。

採用結構方程模型分析關係強度、關係久度、關係質量對技術創新績效的影響作用，將關係強度、關係久度、關係質量和技術創新績效同時納入結構方程模型中，模型擬合較佳，見圖 7-10。

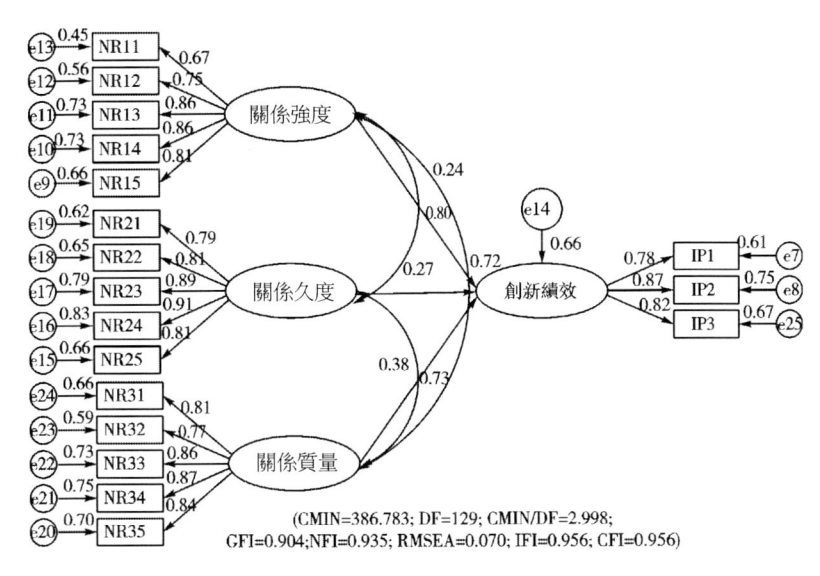

图 7-10　企業創新網路關係對技術創新績效的影響（標準化路徑系數）

從圖 7-10、表 7-33 和表 7-34 的結果可見，關係強度、關係久度、關係質量對技術創新績效均具有顯著的正向影響作用，其標準化迴歸系數分別為 $\beta=0.24^{**}$、$\beta=0.27^{***}$、$\beta=0.38^{***}$，同時可見關係質量對技術創新績效的影響作用較大，而關係強度對技術創新績效的影響作用較小。據此，研究假設 H4、H41、H42 及 H43 均得以驗證。

表 7-33　　　　　　　　　　　非標準化迴歸系數

			Estimate	S.E.	C.R.	P
創新績效	←	關係強度	0.258	0.082	3.156	0.002
創新績效	←	關係久度	0.280	0.079	3.557	***
創新績效	←	關係質量	0.391	0.068	5.739	***
IP1	←	創新績效	1.000			
IP2	←	創新績效	1.059	0.058	18.360	***
NR15	←	關係強度	1.000			
NR14	←	關係強度	1.152	0.057	20.243	***
NR13	←	關係強度	1.135	0.056	20.249	***
NR12	←	關係強度	0.896	0.053	16.860	***
NR11	←	關係強度	0.902	0.062	14.658	***
NR25	←	關係久度	1.000			
NR24	←	關係久度	1.172	0.052	22.709	***

表7-33(續)

			Estimate	S.E.	C.R.	P
NR23	←	關係久度	1.169	0.054	21.783	***
NR22	←	關係久度	0.975	0.052	18.920	***
NR21	←	關係久度	1.041	0.057	18.315	***
NR35	←	關係質量	1.000			
NR34	←	關係質量	1.052	0.048	21.836	***
NR33	←	關係質量	1.004	0.047	21.440	***
NR32	←	關係質量	0.899	0.049	18.235	***
NR31	←	關係質量	0.953	0.048	19.805	***
IP3	←	創新績效	1.038	0.060	17.270	***

註：**, $p<0.01$; ***, $p<0.001$。

表7-34　　　　　　　標準化迴歸系數

			Estimate
創新績效	←	關係強度	0.240
創新績效	←	關係久度	0.270
創新績效	←	關係質量	0.377
IP1	←	創新績效	0.781
IP2	←	創新績效	0.867
NR15	←	關係強度	0.813
NR14	←	關係強度	0.855
NR13	←	關係強度	0.855
NR12	←	關係強度	0.748
NR11	←	關係強度	0.671
NR25	←	關係久度	0.810
NR24	←	關係久度	0.912
NR23	←	關係久度	0.887
NR22	←	關係久度	0.805
NR21	←	關係久度	0.787
NR35	←	關係質量	0.836
NR34	←	關係質量	0.865
NR33	←	關係質量	0.855
NR32	←	關係質量	0.769
NR31	←	關係質量	0.813
IP3	←	創新績效	0.816

7.4.5　關係特徵與共生行為間的作用探析

採用皮爾遜相關係數計算關係強度、關係久度、關係質量與共生行為之間的關係，具體結果如表7-35所示。結果表明，關係強度、關係久度、關係質量與共生行為之間均存在顯著的正向相關關係，分別為 $r=0.651^{**}$、$r=0.692^{**}$、$r=0.705^{**}$。並且，各變量之間不存在多重共線性問題。

表7-35　企業創新網路關係與共生行為間的皮爾遜相關係數表

	均值	標準差	NR1	NR2	NR3	SB
NR1	3.489,9	0.794,56	1			
NR2	3.587,9	0.850,10	0.732**	1		
NR3	3.370,0	0.783,65	0.655**	0.693**	1	
SB	3.222,4	0.621,12	0.651**	0.692**	0.705**	1

註：* $p<0.05$，** $p<0.01$，NR1——關係強度，NR2——關係久度，NR3——關係質量，SB——共生行為。

採用結構方程模型分析關係強度、關係久度、關係質量對共生行為的影響作用，將關係強度、關係久度、關係質量和共生行為同時納入結構方程模型中，模型擬合較佳，見圖7-11。

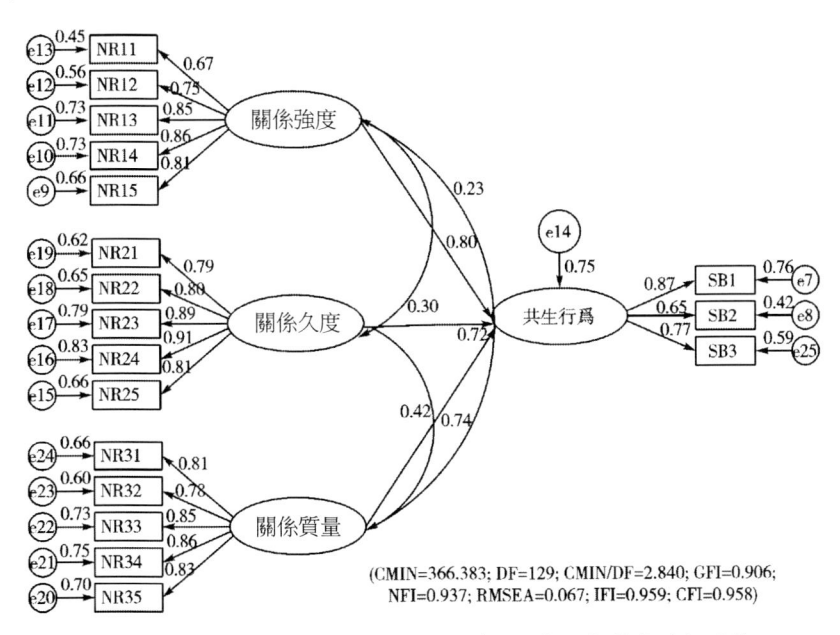

圖7-11　企業創新網路關係對共生行為的影響（標準化路徑係數）

從圖 7-11 可知,各項模型擬合指標均達到參考值,說明模型擬合適度,可以用於理論討論。

表 7-36　　　　　　　　　　　非標準化迴歸系數

			Estimate	S.E.	C.R.	P
共生行為	←	關係久度	0.253	0.061	4.179	***
共生行為	←	關係質量	0.351	0.052	6.731	***
共生行為	←	關係強度	0.198	0.063	3.160	0.002
SB1	←	共生行為	1.000			
SB2	←	共生行為	0.691	0.049	14.234	***
NR15	←	關係強度	1.000			
NR14	←	關係強度	1.152	0.057	20.295	***
NR13	←	關係強度	1.133	0.056	20.253	***
NR12	←	關係強度	0.895	0.053	16.851	***
NR11	←	關係強度	0.901	0.061	14.648	***
NR25	←	關係久度	1.000			
NR24	←	關係久度	1.169	0.052	22.619	***
NR23	←	關係久度	1.170	0.054	21.830	***
NR22	←	關係久度	0.974	0.052	18.898	***
NR21	←	關係久度	1.045	0.057	18.411	***
NR35	←	關係質量	1.000			
NR34	←	關係質量	1.053	0.048	21.721	***
NR33	←	關係質量	1.003	0.047	21.303	***
NR32	←	關係質量	0.909	0.049	18.424	***
NR31	←	關係質量	0.955	0.048	19.766	***
SB3	←	共生行為	0.928	0.052	17.757	***

註:***,$p<0.001$。

表 7-37　　　　　　　　　　　標準化迴歸系數

			Estimate
共生行為	←	關係久度	0.301
共生行為	←	關係質量	0.416
共生行為	←	關係強度	0.227
SB1	←	共生行為	0.873
SB2	←	共生行為	0.650
NR15	←	關係強度	0.813

表7-37(續)

			Estimate
NR14	←	關係強度	0.856
NR13	←	關係強度	0.855
NR12	←	關係強度	0.748
NR11	←	關係強度	0.671
NR25	←	關係久度	0.810
NR24	←	關係久度	0.909
NR23	←	關係久度	0.888
NR22	←	關係久度	0.805
NR21	←	關係久度	0.790
NR35	←	關係質量	0.834
NR34	←	關係質量	0.864
NR33	←	關係質量	0.853
NR32	←	關係質量	0.775
NR31	←	關係質量	0.813
SB3	←	共生行為	0.766

從上述分析結果可見，關係強度、關係久度、關係質量對共生行為均具有顯著的正向影響作用，其標準化迴歸系數分別為 $\beta = 0.23^{**}$、$\beta = 0.30^{***}$、$\beta = 0.42^{***}$，說明同時可見關係質量對共生行為的影響作用較大，而關係強度對共生行為的影響作用較小。因此，研究假設 H8、H81、H82 及 H83 均得以驗證。

7.4.6 共生行為在結構特徵與技術創新績效間的仲介作用

基於前文的分析，各變量之間的相關關係得到了檢驗，包括：第一，自變量與結果變量間有顯著的相關關係；第二，自變量與仲介變量間有顯著的相關關係；第三，仲介變量與結果變量間有顯著的相關關係。前文的分析結果已經完成了仲介作用檢驗的前提條件，表明數據具備了仲介作用檢驗的條件，接下來本書將採用結構方程中的 Boostrap 法檢驗共生行為在企業創新網路與創新績效之間的仲介作用。Bootstrap 法是非參數統計中一種重要的依據估計統計量方差而進行區間估計的統計方法，也稱為自助法。Bootstrapping 統計分析不受抽樣分布形態的限制，其間接效果值（$a \times b$）的 Bootstrapping 方法原理很簡單，其 Bootstrap 抽樣分布以及 $a \times b$ 的估計值，其核心思想和基本步驟如下：①使用

原始數據作為抽樣的總體，用「放回抽樣法」從總體中隨機抽取 N 個 Bootstrap 樣本點，建立一個 Bootstrap 樣本；②計算這個 Bootstrap 的 $a \times b$ 值，並將之存文件；③重複步驟 1～2 若干次（如 1,000 次，一般大於 1,000）；④利用這些 Bootstrap 所得 $a \times b$ 值，建立 $a \times b$ 的抽樣分布，並計算 $(a/2) \times 100\%$ 與 $(1-a/2) \times 100\%$ 的百分位數與該 Bootstrap 抽樣的平均數、標準差（李茂能，2011）。在本研究利用原始數據進行仲介作用的檢驗，Bootstrap 樣本數設為 1,000，區間的置信區間水平設定為 0.95（適用於本章中所有仲介效應檢驗）。

將網路異質性、網路開放度、共生行為、技術創新績效納入結構方程模型中，得到路徑分析圖，如圖 7-12 所示。

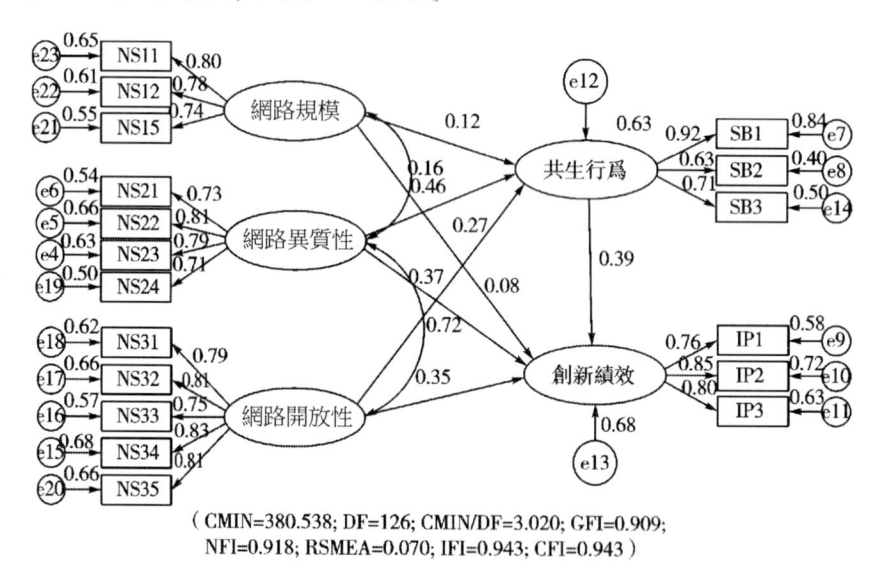

圖 7-12 共生行為在企業創新網路結構與技術創新績效之間的仲介作用

從圖 7-12 可知，各項模型擬合指標均達到參考值，說明模型擬合適度，可以用於理論討論。

表 7-38　　　　　　　　　　非標準化迴歸系數

			Estimate	S.E.	C.R.	P
共生行為	←	網路規模	0.094	0.034	2.786	0.005
共生行為	←	網路異質性	0.381	0.059	6.506	***
共生行為	←	網路開放度	0.311	0.056	5.568	***
創新績效	←	網路規模	0.241	0.041	5.869	***
創新績效	←	網路異質性	0.073	0.073	1.000	0.318

表7-38(續)

			Estimate	S.E.	C.R.	P
創新績效	←	共生行為	0.445	0.091	4.893	***
創新績效	←	網路開放度	0.328	0.068	4.812	***
NS15	←	網路規模	1.000			
NS12	←	網路規模	1.105	0.080	13.784	***
NS11	←	網路規模	1.029	0.074	13.921	***
NS23	←	網路異質性	1.000			
NS22	←	網路異質性	0.962	0.056	17.057	***
NS21	←	網路異質性	0.972	0.064	15.250	***
SB1	←	共生行為	1.000			
SB2	←	共生行為	0.649	0.047	13.786	***
IP1	←	創新績效	1.000			
IP2	←	創新績效	1.056	0.062	16.957	***
IP3	←	創新績效	1.036	0.065	15.961	***
SB3	←	共生行為	0.824	0.052	15.984	***
NS34	←	網路開放度	1.000			
NS33	←	網路開放度	0.920	0.054	17.191	***
NS32	←	網路開放度	1.056	0.055	19.156	***
NS31	←	網路開放度	1.043	0.057	18.222	***
NS24	←	網路異質性	0.849	0.058	14.608	***
NS35	←	網路開放度	1.062	0.056	19.094	***

註：***，$p<0.001$。

上表是以極大似然法估計各迴歸係數的結果，除五個參照指標值設為1不估計外，其餘迴歸加權值均達顯著，結構方程模型中七條迴歸加權值均達顯著，其估計標準誤介於0.034到0.091之間。五個因子下的各題項對該因子的迴歸係數值也均達顯著。模型中所估計的迴歸加權值均達顯著，表示模型的內在質量佳。所謂參照指標是指潛在變量有兩個以上的指標變量時，限制其中一個觀察變量與潛在變量的關係為1，即將迴歸權重值設定為1，以方便企業參數的估計。估計參數的標準誤（S.E.）除可計算出參數估計值的臨界比值（C.R.）外，也可作為預設模型是否違反識別規則的依據（吳明隆，2009）。

表 7-39　　　　　　　　　　標準化迴歸係數

			Estimate
共生行為	←	網路規模	0.120
共生行為	←	網路異質性	0.460
共生行為	←	網路開放度	0.373
創新績效	←	網路規模	0.272
創新績效	←	網路異質性	0.078
創新績效	←	共生行為	0.393
創新績效	←	網路開放度	0.348
NS15	←	網路規模	0.741
NS12	←	網路規模	0.781
NS11	←	網路規模	0.805
NS23	←	網路異質性	0.792
NS22	←	網路異質性	0.810
NS21	←	網路異質性	0.733
SB1	←	共生行為	0.918
SB2	←	共生行為	0.629
IP1	←	創新績效	0.759
IP2	←	創新績效	0.849
IP3	←	創新績效	0.795
SB3	←	共生行為	0.706
NS34	←	網路開放度	0.827
NS33	←	網路開放度	0.753
NS32	←	網路開放度	0.814
NS31	←	網路開放度	0.786
NS24	←	網路異質性	0.707
NS35	←	網路開放度	0.812

　　表 7-39 為標準化迴歸加權值即標準化迴歸係數值，潛在變量間的標準化迴歸係數值即潛在變量間的直接效果值或潛在變量間的路徑係數。潛在變量對指標變量的標準化迴歸係數為因素負荷量，因素負荷量的平方（R^2）為潛在變量對指標的解釋變異量，R^2 的數值若是大於 0.5（因素負荷量至少在 0.71 以上），表示潛在變量的觀察變量的個別信度佳（吳明隆，2009）。

表 7-40　預設模型各變量的方差

	Estimate	S.E.	C.R.	P
網路規模	0.692	0.087	7.976	***
網路異質性	0.619	0.067	9.235	***
網路開放度	0.610	0.061	10.023	***
e12	0.157	0.020	7.727	***
e13	0.174	0.025	6.817	***
e1	0.569	0.054	10.461	***
e2	0.541	0.059	9.236	***
e3	0.399	0.048	8.383	***
e4	0.367	0.034	10.927	***
e5	0.301	0.029	10.481	***
e6	0.503	0.042	12.018	***
e7	0.080	0.016	5.017	***
e8	0.272	0.021	13.179	***
e9	0.400	0.034	11.615	***
e10	0.235	0.026	9.067	***
e11	0.340	0.031	10.850	***
e14	0.291	0.023	12.473	***
e15	0.282	0.025	11.347	***
e16	0.394	0.031	12.548	***
e17	0.346	0.030	11.627	***
e18	0.411	0.034	12.123	***
e19	0.448	0.036	12.363	***
e20	0.355	0.030	11.665	***

註：***，$p<0.001$。

表 7-40 中，所有外因變量的方差均為正數，均達到顯著，誤差項及殘差項沒有出現負的誤差方差，表示未違反模型基本適配度檢驗標準。以上所估計參數均達顯著水平，估計參數的估計標準誤數值均很小，表示模型內在適配度的質量理想（吳明隆，2009）。

由上述分析可知，當共生行為加入企業創新網路結構特徵與技術創新績效之間後，網路異質性與技術創新績效之間的相關關係由顯著正相關變得不顯著相關（$\beta=0.078$，$P=0.430>0.05$），這說明共生行為在兩者之間充當了完全仲介的作用，其仲介效應值 $=a\times b=0.18^{***}$。網路規模、網路開放度與技術創新

績效之間的相關程度變小但仍然顯著，分別為（$\beta=0.28^{***}$，$\beta=0.37^{***}$，$P<0.001$），這說明網路規模、網路開放度對技術創新績效的影響一方面會通過共生行為而間接影響技術創新績效，另一方面也會直接影響技術創新績效，即共生行為在網路規模與技術創新績效間、網路開放度與技術創新績效間起到部分仲介作用，其仲介效應值=$a\times b$，分別為0.05、0.15，總效應=$a\times b+c$，分別為0.33、0.50，仲介效應占總效應的比值約15%、30%。據此，研究假設H91、H92和H93均得到支持，即共生行為在網路規模、網路異質性、網路開放度與技術創新績效中間起到仲介作用。

7.4.7 共生行為在關係特徵與技術創新績效間的仲介作用

採用結構方程模型分析共生行為在企業創新網路關係特徵與技術創新績效之間的仲介作用，將關係強度、關係久度、關係質量、共生行為和技術創新績效同時納入結構方程模型中，見圖7-13。

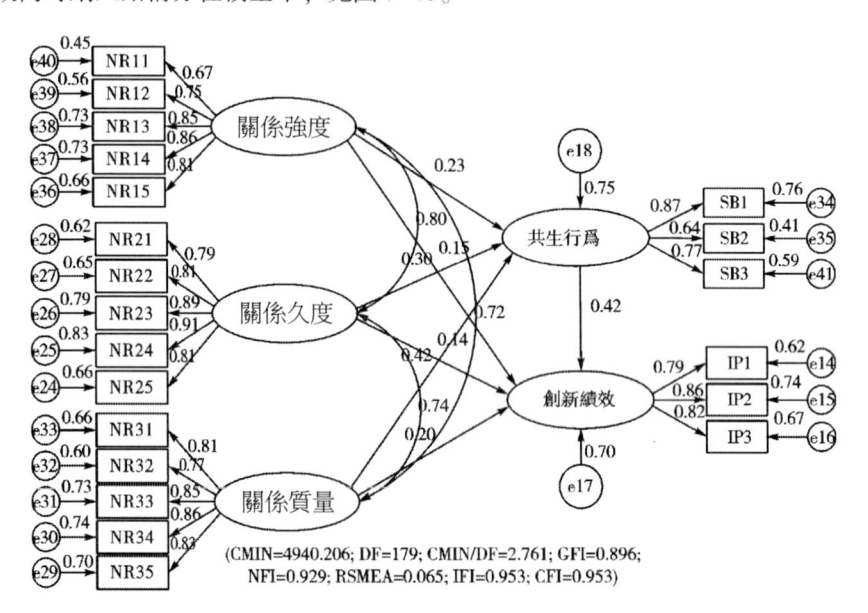

圖7-13 共生行為在企業創新網路關係與創新績效之間的仲介作用

從圖7-13可知，各項模型擬合指標均達到參考值，說明模型擬合適度，可以用於理論討論。

表7-41給出了預設模型中各變量之間的未標準化的迴歸系數估計值、臨界比以及各路徑關係系數的顯著性檢驗結果。

表 7-41　　　　　　　　　　　　非標準化迴歸係數

			Estimate	S.E.	C.R.	P
共生行為	←	關係質量	0.241	0.038	6.325	***
共生行為	←	關係久度	0.174	0.043	4.088	***
共生行為	←	關係強度	0.135	0.044	3.102	0.002
創新績效	←	共生行為	0.786	0.187	4.199	***
創新績效	←	關係久度	0.156	0.084	1.846	0.065
創新績效	←	關係質量	0.216	0.081	2.663	0.008
創新績效	←	關係強度	0.162	0.085	1.899	0.058
IP1	←	創新績效	0.971	0.055	17.497	***
IP2	←	創新績效	1.015	0.052	19.551	***
IP3	←	創新績效	1.000			
NR25	←	關係久度	1.000			
NR24	←	關係久度	1.169	0.052	22.626	***
NR23	←	關係久度	1.171	0.054	21.850	***
NR22	←	關係久度	0.976	0.051	18.948	***
NR21	←	關係久度	1.043	0.057	18.372	***
NR35	←	關係質量	1.000			
NR34	←	關係質量	1.051	0.048	21.727	***
NR33	←	關係質量	1.004	0.047	21.376	***
NR32	←	關係質量	0.907	0.049	18.401	***
NR31	←	關係質量	0.956	0.048	19.830	***
SB1	←	共生行為	1.457	0.103	14.173	***
SB2	←	共生行為	1.000			
NR15	←	關係強度	1.000			
NR14	←	關係強度	1.152	0.057	20.301	***
NR13	←	關係強度	1.131	0.056	20.220	***
NR12	←	關係強度	0.897	0.053	16.911	***
NR11	←	關係強度	0.902	0.061	14.693	***
SB3	←	共生行為	1.363	0.104	13.061	***

　　表 7-41 是以極大似然法估計各迴歸係數的結果，除五個參照指標值設為 1 不估計外，其餘迴歸加權值均達顯著，結構方程模型中五條迴歸加權值均達顯著。五個因子下的各題項對該因子的迴歸係數值也均達顯著。模型中所估計的迴歸加權值均達顯著，表示模型的內在質量佳。

表 7-42 為標準化迴歸加權值即標準化迴歸系數值，潛在變量間的標準化迴歸系數值即潛在變量間的直接效果值或潛在變量間的路徑系數。潛在變量對指標變量的標準化迴歸系數為因素負荷量，因素負荷量的平方（R^2）為潛在變量對指標的解釋變異量，R^2的數值若是大於 0.5（因素負荷量至少在 0.71 以上），表示潛在變量的觀察變量的個別信度佳（吳明隆，2009）。

表 7-42　　　　　　　　　　標準化迴歸系數

			Estimate
共生行為	←	關係質量	0.417
共生行為	←	關係久度	0.302
共生行為	←	關係強度	0.226
創新績效	←	共生行為	0.421
創新績效	←	關係久度	0.145
創新績效	←	關係質量	0.200
創新績效	←	關係強度	0.145
IP1	←	創新績效	0.786
IP2	←	創新績效	0.861
IP3	←	創新績效	0.815
NR25	←	關係久度	0.810
NR24	←	關係久度	0.909
NR23	←	關係久度	0.888
NR22	←	關係久度	0.806
NR21	←	關係久度	0.788
NR35	←	關係質量	0.834
NR34	←	關係質量	0.863
NR33	←	關係質量	0.854
NR32	←	關係質量	0.774
NR31	←	關係質量	0.814
SB1	←	共生行為	0.872
SB2	←	共生行為	0.644
NR15	←	關係強度	0.814
NR14	←	關係強度	0.856
NR13	←	關係強度	0.853
NR12	←	關係強度	0.749
NR11	←	關係強度	0.672
SB3	←	共生行為	0.771

表 7-43 中，所有外因變量的方差均為正數，均達到顯著，誤差項及殘差項沒有出現負的誤差方差，表示未違反模型基本適配度檢驗標準。以上所估計參數均達顯著水平，估計參數的估計標準誤數值均很小，表示模型內在適配度的質量理想（吳明隆，2009）。

表 7-43　　　　　　　　　　預設模型各變量的方差

	Estimate	S.E.	C.R.	P
關係久度	0.582	0.059	9.847	***
關係質量	0.581	0.057	10.260	***
關係強度	0.542	0.055	9.819	***
e18	0.049	0.009	5.618	***
e17	0.200	0.027	7.431	***
e14	0.393	0.034	11.533	***
e15	0.241	0.026	9.258	***
e16	0.340	0.031	10.853	***
e24	0.305	0.024	12.649	***
e25	0.167	0.017	10.009	***
e26	0.214	0.020	10.943	***
e27	0.299	0.024	12.698	***
e28	0.386	0.030	12.891	***
e29	0.253	0.021	11.845	***
e30	0.220	0.020	11.153	***
e31	0.217	0.019	11.397	***
e32	0.319	0.025	12.735	***
e33	0.271	0.022	12.217	***
e34	0.130	0.016	8.367	***
e35	0.273	0.021	13.132	***
e36	0.277	0.023	11.895	***
e37	0.263	0.024	10.895	***
e38	0.259	0.024	10.968	***
e39	0.341	0.027	12.763	***
e40	0.536	0.040	13.342	***
e41	0.245	0.021	11.726	***

由上述分析可知，當共生行為加入企業創新網路關係特徵與創新績效之間後，關係強度與創新績效之間的相關關係由顯著正相關變得不顯著相關（$\beta=0.131$，$P=0.085>0.05$），這說明關係強度對技術創新績效的影響完全通過共生行為得以實現，其仲介效應值$=a\times b=0.11$。關係久度與技術創新績效之間的相關關係由顯著變得不顯著（$\beta=0.104$，$P=0.194>0.05$），這說明關係久度對技術創新績效的影響完全通過共生行為得以實現，其仲介效應值$=a\times b=0.155$。關係質量與技術創新績效之間的相關程度變小，但仍然顯著（$\beta=$

0.20^{**}，$P<0.01$），這說明關係質量對技術創新績效的影響一方面會通過共生行為而間接影響技術創新績效，另一方面也會直接影響技術創新績效，即共生行為在關係質量與技術創新績效間起到部分仲介作用，其仲介效應值＝$a \times b$＝0.19，總效應＝$a \times b+c$＝0.39，仲介效應占總效應的約48.72%。因此，研究假設H10、H101、H102及H103均通過驗證。

7.5 實證結果與討論

7.5.1 理論模型修正

通過探索性因子分析和結構方程競爭模型對共生行為量表進行提純，結果發現，共生行為可由三個維度構成，為保證本研究數據的整體性和可信度，放棄了理論推導的兩個維度，採用了三個維度作為共生行為的測量。因此，本研究理論模型需要進行修正，如圖7-14所示。

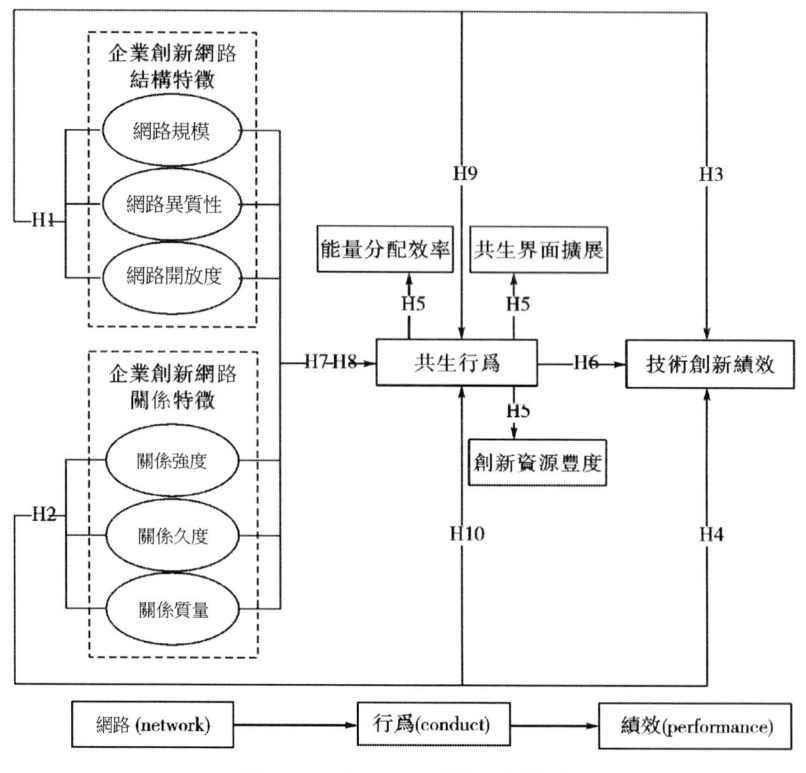

圖7-14 「NCP」理論研究模型

7.5.2 研究假設驗證結果匯總

表 7-44 中對所有研究假設檢驗結果進行匯總後發現：本研究提出的關於共生行為在企業創新網路結構特徵、關係特徵與技術創新績效之間起仲介作用的研究假設絕大部分得到驗證與支持，僅有少數研究假設未得到研究數據的支持。這說明本研究的研究假設在設計上較為科學，收集的數據也較為可靠，從而保證了研究結果的可靠性。

表 7-44　　　　　　　　　研究假設驗證結果匯總

研究假設	研究假設內容	假設驗證
H_1	企業創新網路結構特徵可由網路規模、網路異質性和網路開放度三個維度構成	支持
H_2	企業創新網路關係特徵可由關係強度、關係久度和關係質量三個維度構成	支持
H_3	企業創新網路結構特徵對技術創新績效具有顯著正向影響	支持
H_{31}	網路規模對技術創新績效具有顯著正向影響	支持
H_{32}	網路開放度對技術創新績效具有顯著正向影響	支持
H_{33}	網路異質性對技術創新績效具有顯著正向影響	支持
H_4	企業創新網路關係特徵對技術創新績效具有顯著正向影響	支持
H_{41}	關係強度對技術創新績效有顯著正向影響	支持
H_{42}	關係久度對技術創新績效有顯著正向影響	支持
H_{43}	關係質量對技術創新績效有顯著正向影響	支持
H_5	共生行為可由共生界面擴展、能量分配效率和創新資源分配三個維度構成	基本支持
H_6	共生行為對技術創新績效具有顯著正向影響	支持
H_7	企業創新網路結構特徵對共生行為有顯著正向影響	部分支持
H_{71}	網路規模對共生行為有顯著正向影響	不支持
H_{72}	網路異質性對共生行為有顯著正向影響	支持
H_{73}	網路開放度對共生行為有顯著正向影響	支持
H_8	企業創新網路關係特徵對共生行為有顯著正向影響	支持
H_{81}	關係強度對共生行為有顯著正向影響	支持
H_{82}	關係久度對共生行為有顯著正向影響	支持
H_{83}	關係質量對共生行為有顯著正向影響	支持

表7-44(續)

研究假設		研究假設內容	假設驗證
H_9		共生行為在企業創新網路結構與技術創新績效之間具有仲介作用	支持
	H_{91}	共生行為在網路規模與技術創新績效之間具有仲介作用	支持
	H_{92}	共生行為在網路異質性與技術創新績效之間具有仲介作用	支持
	H_{93}	共生行為在網路開放度與技術創新績效之間具有仲介作用	支持
H_{10}		共生行為在企業創新網路關係與技術創新績效之間具有仲介作用	支持
	H_{101}	共生行為在關係強度與技術創新績效之間具有仲介作用	支持
	H_{102}	共生行為在關係久度與技術創新績效之間具有仲介作用	支持
	H_{103}	共生行為在關係質量與技術創新績效之間具有仲介作用	支持

7.5.3 結構特徵與技術創新績效間關係的研究結論

從本章的實證研究結果來看，企業創新網路結構特徵可由網路規模、網路異質性和網路開放度三個維度構成，本書採用414份調查問卷，分析了企業創新網路結構特徵與技術創新績效之間的關係，實證結果發現：企業創新網路結構特徵對技術創新績效存在顯著正向影響，具體可從以下幾個方面進行解釋。

（1）網路規模對技術創新績效存在顯著正向影響。這可能是因為企業搭建的創新網路規模越大，擁有合作夥伴數量和種類也相對較多，可以獲取更加豐富的創新資源，充當各個企業之間的橋樑作用，所以網路規模間接影響著企業掌握創新資源的數量和種類，為技術創新提供了源源不斷的支持。從一些實證研究結果來看，部分學者也支持了這一觀點。例如，Roberts 和 Hauptman（1986），Baum 等（2000）發現與更多組織建立聯結的企業，越有可能獲取價值信息和資源，對技術創新績效有顯著積極影響。國內學者陳學光（2007）、池仁勇（2007）、韋影（2005）等也論證了這一觀點。

（2）網路異質性對技術創新績效存在顯著正向影響。這是因為與企業建立交往的成員具有越大的差異性，代表企業獲取資源的種類越豐富，並且非冗餘資源越多，越能促進技術創新績效的提高。這一觀點得到了 Beckman 等（2002）、Liming 等（1995）、Cummings（2004）、Franke（2005）、陳學光（2007）等學者的認同。他們認為，參與到創新網路中的行為主體越具有差異性，表示企業所能掌握的資源越多樣，越能夠利用互補性資源來提高自身競爭優勢地位，及時提供大量信息和新知識，與企業既有知識進行有效整合，能夠

在促進產品開發和創造市場知識中具有獲得更廣泛範圍的信息和資源的優勢，從而改善企業的內部資源，有利於提升企業的技術創新能力。

（3）網路開放度對技術創新績效存在顯著正向影響。這是因為企業創新網路就是一個典型的有多個組織參與的開放式合作創新組織，創新活動中彼此提供的共享資源越多，網路平臺開放程度越高，合作者越能獲取豐富的創新資源數量和種類，創新績效越好。West 和 Gallagher（2006）、James T. C. Teng（2007）、韻江（2012）等學者也支持了這一觀點，他們認為適當開放的網路結構有利於企業的創新產出。

7.5.4　關係特徵與技術創新績效間關係的研究結論

從本章的實證研究結果來看，企業創新網路關係特徵可由關係強度、關係久度和關係質量三個維度構成，本書採用414份調查問卷，探討了企業創新網路關係特徵對技術創新績效的影響作用，結果發現：企業創新網路關係特徵對技術創新績效存在顯著正向影響，具體可從以下幾個方面進行解釋。

（1）關係強度對技術創新績效存在顯著正向影響。這是因為企業間交流頻率會影響顯性和隱性知識的獲取，在頻繁互動中知識交流更加充分，確保新知識更能夠被理解和掌握。從一些實證研究結果來看，Hansen（1999），Larson（1992），Bell、Tracey 和 Heide（2009），Fritsch 和 Kauffeld－Monz（2010），國內學者錢錫紅等（2010）、任勝鋼等（2011）也論證了這一觀點，他們認為強聯繫會給企業帶來以下作用：行為者具有更高的默契程度，在遇到問題時更能站在對方利益角度進行考慮，有利於更多創新資源的自由流動，應對外部環境所帶來的衝擊和阻礙，保持交流與合作關係的穩定性，促進創新成功的實現。

（2）關係久度對技術創新績效存在顯著正向影響。這是因為企業之間保持著持久合作關係，將會增加企業之間的信任感與默契，降低監督成本和不確定性事件的發生率，縮短產品開發週期，提高產品推向市場的速度，並且容易轉移和傳遞關於市場需求、經營策略等深度信息，從而有助於技術創新績效的提高。這一觀點也得到了 Powell 等（1996）、Uzzi（1997）、Kogut 和 Walker（2001）、王曉娟（2007）及嵇登科（2006）的論證，他們認為在持久和穩定的合作關係中，企業容易建立對彼此的信任感，這會使企業對合作夥伴更加公開和透明，能有效促進信息和知識共享，使合作方共同解決問題，從而實現技術創新能力的提升。

（3）關係質量對技術創新績效存在顯著正向影響。這是因為企業成員間

信任程度越高，企業越願意共享信息和資源，積極地兌現承諾，越容易預測其他主體的行為，避免聯繫中問題的產生，從而實現技術創新績效的提高。Kaufman 等（2000）、賈生華（2007）、呂一博和蘇敬勤（2010）等學者也支持這一觀點，他們認為企業發展具有忠誠感、信任感和承諾特徵的良好合作關係，其作用在於獲取可靠的信息和知識，促進創新資源的有效整合，獲取進入合作者市場的渠道，幫助實現企業技術創新成果順利轉化，並且能夠合理解決衝突，降低監督成本等。

7.5.5 共生行為與技術創新績效間關係的研究結論

從本章的實證研究結果來看，共生行為主要包括共生界面擴展、創新資源豐度、能量分配效率三個重要維度，本書採用414份調查問卷，探討了共生行為對技術創新績效的影響作用，結果發現：共生行為對技術創新績效存在顯著影響，這一結論可以從以下三個方面進行解釋。

首先，如果企業對創新資源共享與創造平臺進行合理的搭建、維護和優化，可能會產生如下作用：清晰的平臺意識促進企業創新網路實現共同演化；種類豐富的共生介質提供了多樣化的創新資源；較小的共生阻力利於企業之間的溝通，提高創新資源的傳遞效率，等等。可以說，共生界面擴展度越高，共生界面上共生介質越多樣，平臺意識越清晰越大，共生阻力越小。這一論點印證了張紅等（2011）的觀點，他們採用案例研究的方法，發現盟主企業的共生界面選擇機制為有效構建供應鏈聯盟界面關係，提高聯盟成員企業間物質、信息或能量雙向交流的動力並降低其阻力提供了重要保障，為成員間共享和傳遞更多的共生能量創造了新方向。該案例中，加盟企業與盟主企業合作願景的兼容性對供應鏈聯盟互惠共生對象選擇機制的形成起到關鍵作用。

其次，創新資源的多樣化有助於企業開拓創新思維，可以說，創新資源種類越豐富，越有益於企業獲取和整合多樣化的信息、技術和知識，開拓創新思維，產生新的創新點子。池仁勇（2005）、陳勁（2008）等學者的研究成果也支持了該觀點，他們認為在創新網路管理模式中，企業應當註重與利益相關者間的資源共享與傳遞，特別是異質資源的互補和共享，以避免資源的重複開發，實現技術創新過程各個階段中的資源得到優化配置，優勢互補。

最後，如果企業對技術、知識和信息等創新資源進行有效的優化配置，可能會產生如下作用：資源傳遞、整合效率越高，使得知識和信息在企業之間的均勻分配將有助於共生關係的互惠和均衡，可以說，共生能量分配越均勻，共生能量分配效率越高，共生關係越高級，越可能接近於協同型技術創新管理模

式，企業技術創新績效越好。魏江（2006）、彭正龍（2011）等的研究結果也支持了這一觀點，他們認為不同層面的知識交流和共享，為技術創新能力的提升累積和增加知識基礎。

可見，企業創新網路是一個複雜的系統，網路中各要素之間存在非線性的相互作用，在其作用過程中伴隨著隱性知識和顯性知識的傳遞、擴散和融合，高新技術企業利用共生行為可有效獲取和整合創新網路的資源。共生行為促進了知識擴散和知識創造，從而使得處於創新網路中的企業較其他企業具有更強的技術創新優勢。因此，共生行為表現更好的企業，比那些沒有與其他企業或者研究機構發生聯繫的企業顯示出更好的經濟績效，更能充分利用企業創新網路的資源，提高企業創新績效。為提高企業創新績效，企業應從共生界面擴展和共生能量分配兩個方面註重培養共生行為。為縮小共生界面上的知識流動阻力，企業應將被動接受的抽象或過於龐大的知識體系進行拆分，分為不同的獨立模塊，再進行重構組成相互關聯的解決方案，並採用測量指標不斷考核知識的吸收和內化程度，這樣，可以有效縮短知識與企業融合的時間，使得企業順利完成「知識接受—知識學習—知識內化」過程。同時，當組織中全部為雙向實線連接時，知識傳播最快；組織密度越大，組織結構對知識傳播的影響越小，而知識傳播效率越高；組織中單向交流多時，知識方差大，即知識傳播越難兼顧公平；相反，組織中雙向交流多時，個體間知識儲量差距越小。

7.5.6　結構特徵與共生行為間關係的研究結論

本書採用414份調查問卷，探討了企業創新網路結構特徵對共生行為的影響作用，結果發現：網路結構對共生行為存在顯著正向影響的研究假設只有部分得到支持，具體結果如下。

（1）網路規模對共生行為不存在顯著正向影響。這可能是因為網路規模對共生行為的影響需要分為兩個方面來看，一方面是當網路規模過小時，創新資源單一化、資源傳遞效率低下、共生阻力較大，企業無法利用共生行為來發揮構建和優化共生界面，增加創新資源豐富度，提高共生能量傳遞效率等作用。而當網路規模過於大時，企業將會獲取繁雜多樣的創新資源，忙於吸收和處理各種顯性和隱性知識，企業面臨的吸收問題、注意力問題和資源配置問題也就越多，這將會導致資源配置效率低下或資源管理成本過高，企業仍無法發揮共生行為的最大效用。於是，對企業而言，網路規模並不是越大或者越小就表示越有利於企業採取某種共生行為，企業共生行為需要在適度的網路規模中才能得以發揮作用，企業共生行為應當與適當的網路規模配合到一起。如果企

業創新網路規模合理，可以為企業創造信息、知識流動和傳遞的學習平臺，如果企業創新網路規模不合理，導致企業創新活動缺乏與其他成員及時有效的溝通，其信息流動比較簡單，其創新活動是孤立而分散的。

（2）網路異質性對共生行為存在顯著正向影響。這是因為組織間的資源交換行為受到成員掌握和輸出資源數量和種類的影響。當參與到創新活動中的行為主體來自不同地域、不同專業技術領域、掌握不同資源種類，可以彌補企業創新活動中的局限性，通過共享技術資源和多方位的整合知識資源，實現共生能量的傳遞和整合，提高企業績效。

（3）網路開放度對共生行為存在顯著正向影響。這是因為網路開放度從一定程度上保證了網路異質性，企業對網路外部成員的接納程度越高，表示企業建立的聯結越多樣化，異質性和互補性的信息越多，越有利於發掘新的市場機會，在動盪環境中更能發現和避免威脅。這表明處於不同發展階段，企業需求也會有所不同，當企業處於網路規模較小、需要拓展與外部組織間聯繫的時候，應當利用共生界面擴展，增加網路成員種類和數量，採取多種共生介質來提高網路開放廣度，因此應重點培育共生界面擴展屬性；而當企業處於鞏固與合作者關係的階段時，應當利用共生能量分配來提高網路開放深度，實現資源的雙向配置和均衡分配，充分整合網路資源，將其化為自用，提高資源利用效率，實現共生能量的最大增殖，因此應重點發展共生能量分配屬性。

7.5.7 關係特徵與共生行為間關係的研究結論

本研究採用414份調查問卷，探討了企業創新網路關係特徵對共生行為的影響作用，結果發現：

（1）關係強度對共生行為存在顯著正向影響。這是因為，企業間保持緊密的合作關係有利於進行知識流動與交互式學習，提高創新資源分配效率。張紅等（2011）通過案例研究表明，金山化工通過與四平聚英建立緊密接觸方式，向四平聚英輸出和傳遞漿層紙生產的知識，從而獲得了對四平聚英更多的控製和協調能力，奠定了金山化工在聯盟中的核心地位。

（2）關係久度對共生行為存在顯著正向影響。這是因為，企業間通過長期相處，投入大量的專項資本，建立了一定的信任感和默契，減小共生界面上的共生阻力，優化共生界面上的創新資源配置效率，使得資源要素間得以協調配合，更能發揮出共生行為的作用。

（3）關係質量對共生行為存在顯著正向影響。這是因為，企業間基於良好的信任感、承諾程度、滿意度等，更有利於維護和優化共生界面，採取多種

共生介質接觸方式，實現創新資源的多樣化和高速的資源傳遞效率。張紅等（2011）認為，企業間保持信任和持久的合作關係，有利於獲得多樣化的創新資源，實現企業資源整合，聯盟成員間知識的互動和整合方式決定了供應鏈聯盟共生介質接觸方式選擇的方向。

7.5.8 共生行為仲介作用檢驗的研究結論

本研究採用 414 份調查問卷，探討了共生行為在企業創新網路結構和關係特徵與技術創新績效之間的仲介作用，結果表明：

（1）共生行為在關係強度、關係久度、網路異質性與技術創新績效之間起到完全仲介作用。對於這一研究結論的可能的解釋是：首先，網路的強連接有助於組織間的深度互動，對技術創新能夠產生正面的影響（Hsu，2001）。當企業處於鞏固與創新夥伴良好合作關係的階段時，共生能量分配對技術創新績效的提高更明顯，有助於維持創新夥伴穩定、緊密的合作關係，促進隱性知識的吸收和轉化，故應重點發展共生能量分配行為。Hansen（1999）研究了強聯繫對於企業知識共享的態度和主張的影響機理，發現強聯繫的企業由於合作和交流頻率較高，能夠形成一種更為信賴並且互相依賴的關係，在這種關係中，知識能夠有效地流動，從而促進共生能量增殖，為企業提供新的創新要素。Nooteboom（2000）指出深度溝通和開放性共享平臺可以促進隱性知識的傳遞，這種知識根植於企業組織和文化中，不能從一般交流中顯現出來，需要通過頻繁、深層次的情感聯結和利益聯結機制才能進行傳導，而企業要做的就是維持合作關係的持久性和良好的質量。因為，當合作雙方建立的關係越持久，信任程度越高，企業間對彼此的依賴程度越高，越能夠輸出一些專業知識和關鍵性資源，越願意提供更多的幫助。這表明企業間關係強度越高，企業越應註重發展共生能量分配行為。其次，企業間通過長期合作所建立的成熟的創新網路，使得企業間投入了大量專用性資產，培養起了信任感和默契，有利於企業與合作夥伴進行知識、信息等創新資源的傳遞，促進創新資源的有效整合，從而實現了技術創新績效的提高。最後，當網路具有異質性程度較高時，企業與多樣化的網路成員間進行接觸需要採取多種手段和途徑，這導致企業主動搭建和優化的共生界面，根據企業發展戰略來選擇戰略兼容或資源互補的合作夥伴，採用了豐富的共生介質，更有利於構建一個資源種類多樣化，互補資源更多的知識、信息共享與創造的平臺，從而促進技術創新績效的提高。

（2）共生行為在關係質量、網路規模、網路開放度與技術創新績效之間起到部分仲介作用。對於這一研究結論的可能的解釋是：首先，當企業間建立

了良好的信任感、承諾程度、滿意度時，表示企業間經常積極地維護和優化共生界面，降低了共生界面上的共生阻力，不斷嘗試並成功地採取了多種共生介質接觸方式，實現了創新資源的多樣化和高速的資源傳遞效率，從而提高技術創新績效。其次，企業創新網路本身就是一個典型的有多個組織參與的開放式合作創新組織，網路規模和網路開放度對企業間的合作效果有著直接的影響。由於合作夥伴達到一定的數量，企業便於搜尋到異質資源或者互補資源，並對資源進行優化配置。尤其是當企業處於增加創新夥伴種類和數目的階段時，共生界面擴展對技術創新績效的提高更加明顯，有利於創新資源共享與創造平臺的搭建、維護和優化，促進企業挖掘、整合外部創新資源，完成科研成果的順利轉化，故應重點發展共生界面擴展行為。合作過程中雙方開放程度越高，聯盟雙方從聯盟中獲取的知識越多表明網路開放度越大，企業越應註重發展共生行為。

7.6 本章小結

本章通過統計分析軟件對實證研究樣本、假設模型進行了驗證。首先，通過 SPSS 軟件對 414 份有效問卷進行了描述性統計分析。在保證樣本信度與效度的基礎上，運用結構方程建模軟件 AMOS17.0，引入「共生行為」做仲介變量，對企業創新網路特徵和創新績效的影響路徑進行實證分析，明晰了影響因素間的關係及影響程度。實證研究結果表明，企業創新網路結構特徵、關係特徵、共生行為與技術創新績效之間存在著正相關關係，並且共生行為在企業創新網路結構特徵、關係特徵與技術創新績效之間起到仲介作用，這表明共生行為是影響企業技術創新績效的關鍵，在企業技術創新管理中應當值得被重視。通過實證分析結果，我們發現企業可以借助共生行為測量量表來測量共生行為情況，並且根據共生界面擴展和共生能量分配維度的程度，判定自身的優劣勢以及找準合適的管理模式，接著利用共生理論、社會網路理論等，深入企業與合作夥伴間的關係中去剖析企業間的能量、信息和資源分配過程，據此有助於企業探尋相應的管理策略和成長路徑。

8 技術創新管理模式研究
——以高新技術企業為例

8.1 共生行為與技術創新管理

在自然生態系統中，兩個物種間的共生行為經常表現得比較簡單、直接、明了。而在經濟系統內，共生單元間產生共生行為時，都是共生單元內的某一業務模塊連接，實現物質、信息、能量在共生界面中的流動，聯結程度如何我們一般很難觀測，只能通過相關的指標來判斷。根據共生原理，共生行為包括兩個重要屬性，即共生界面擴展和共生能量分配。共生界面是指由一組共生介質構成的共生單元相互作用的媒介或載體（袁純清，1998）。而在創新活動中，共生界面是指企業之間構成了由一組共生介質組成的創新資源共享與創造平臺。企業共生界面擴展是指企業對創新資源共享與創造平臺的搭建和優化，它是共生行為的重要屬性之一，從平臺意識清晰性、共生介質豐度大小兩個方面決定了共生體的融合性和穩定性。共生能量是共生單元之間通過共生界面相互作用所產生的結果，反映了共生系統的生存和繁殖能力（袁純清，1998）。在創新活動中，共生能量主要是指企業與創新夥伴通過共生界面創造或共享物質和非物質成果，主要包括技術、知識和信息等創新資源。企業共生能量分配是指企業對技術、知識和信息等創新資源的優化配置行為，從資源豐度和傳遞效率兩個方面決定了共生體的增殖性和效率性。

從創新網路理論和共生理論相結合的角度分析，高新技術企業與外部環境存在著物質、信息、知識和能量的交互作用，構成了縱向和橫向的複雜創新網路，企業與網路主體通過共生能量分配，實現了企業間的優勢互補和創新資源共享。在企業創新網路中，不同的共生單元為了實現信息交流、知識共享，需要共生能量的產生與分配，而這一切都離不開共生界面的媒介作用。之後，根

據共生能量以及共生界面等要素的情況，共生單元會辨別是否需要進一步的共生，如果能提高共生能量的使用和分配的公平性、效率性，提高共生界面兼容性、穩定性，調整共生行為，那麼共生單元之間將進一步交流，以便適應企業創新網路環境的轉變。可見，共生能量分配和共生界面擴展這兩種共生行為是任意二維共生體系建立共生關係的前提條件。據此，本研究將基於共生行為的兩個維度構建技術創新管理模式。

8.2　傳統技術創新管理模式的不足

隨著技術創新管理對高新技術企業成長的重要性受到重視，國內學者對技術創新管理模式的研究與日俱增。劉穎等（2009）指出中國高新技術產業技術創新管理模式分為三種：自主創新管理模式、技術模仿管理模式和孵化器管理模式。童星等（2002）在研究國內外科技型企業技術創新管理模式的基礎上，提出「啞鈴型」和「鐵錘型」技術創新管理模式適用於中國科技型中小企業。劉祥祺等（2008）通過比較臺灣的高新技術企業與傳統企業之間的差異，找到了技術活動中的關鍵影響因素，包括企業文化、技能管理等。他指出，企業應該從這幾個方面著手來提高創新績效，為技術創新管理模式提供了新的思路和視角。雖然現有文獻從不同角度對技術創新管理模式進行解讀，但在創新網路化發展趨勢下，現有管理模式較少考慮到企業之間的共生關係，而共生行為正是制約企業技術創新的一個潛在因素（張小峰，2013）。為此，本書從共生視角出發，試圖構建高新技術企業技術創新管理模式。

從傳統的技術創新管理模式分析角度，我們能夠觀察到企業擁有的創新夥伴數量、創新夥伴多樣性、與創新夥伴聯繫緊密程度等事實，但是卻很難判斷企業與創新夥伴之間潛在的合作方式、合作機制等問題。例如，該企業與合作夥伴之間合作方式單一或多樣，交流阻力大或小，共享資源單一或多樣，資源分配機制是單向或雙向等，這些問題可以從共生行為角度來解讀。在創新網路化發展趨勢下，共生行為逐漸成為制約企業技術創新管理的一個潛在因素。為此，本書從共生視角出發，試圖構建高新技術企業技術創新管理模式，能夠從一個嶄新的視角來解讀不同高新技術企業技術創新管理的差異，為企業技術創新的「藍海」戰略提供指導。

8.3 基於共生行為的技術創新管理模式構建

企業共生行為發生在創新網路的背景之下，只有當企業與合作夥伴間發生了資源交換、能量分配、界面管理等行為，才具備討論共生行為的必要性，否則沒有資源交換關係，企業間不存在共生行為。所以說，共生行為是創新網路的重要產物，同時共生行為也是創新網路與創新績效之間的仲介。所以企業創新績效的提高有賴於共生行為。基於此，本書認為基於共生行為的技術創新管理模式是指一系列反映企業與其他組織之間相互聯結的緊密性和穩定性，體現企業之間創新資源（主要是技術、知識和信息）的分配方向和傳遞效率的主客體要素作用機理及其管理策略。從企業創新網路和共生理論的角度來看，高新技術企業創新網路由多個主體構成，包括供應商、客戶、同行企業、政府、科研院校等。這些主體又被看作「共生單元」，他們之間不斷利用共生行為，通過共生界面進行創新資源傳遞、交換，產生共生能量並使用，實現了企業間的優勢互補和創新資源共享。由此，在創新網路化背景下，高新技術企業技術創新管理應具有共生能量分配和共生界面擴展兩個維度，這兩種維度構成了可以表達企業技術創新管理的一個二維空間，如圖8-1所示。

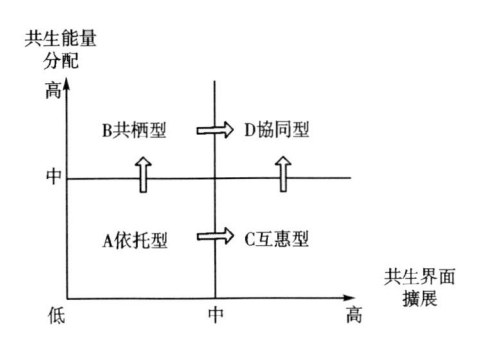

圖8-1 基於共生行為的技術創新管理模式解構

在該二維空間中，X軸表示共生能量分配維度，而Y軸表示共生界面擴展維度。由於X、Y軸可被大致劃分為高、中、低三種程度，該二維空間可被劃分為A、B、C、D四個不同區域，分別代表四種不同類型的技術創新管理模式。這四個區域之間的箭頭用來反映企業技術創新管理的演化路徑。基於共生理論的技術創新管理及其演化路徑具有如下重要特徵：一是共生行為的兩個維度的提升非完全同步性，表示企業在同一時期技術創新管理過程中需要側重的

點，要麼是共生能量分配，要麼是共生界面擴展。因為同時關注「質」和「量」的提高會造成較高的企業成本和較低的資源配置效率。二是技術創新管理的演化路徑並不是直線式的提升，而是曲折式的。由於先天資源稟賦和企業戰略的不同，當企業認識到要提升技術創新管理能力時，後天努力的方向會有差異性，於是企業運用共生能量分配和共生界面擴展這兩種共生行為的程度也不完全相同。

企業資源和能力的提高具有連續性，從而技術創新管理演化也具有連續性，這樣技術創新管理模式將出現無限多種可能。考慮到研究的方便，本書對共生行為的兩個維度進行抽象化處理，即將共生能量分配和共生界面擴展兩個維度劃分為較低和較高兩種程度，這樣技術創新管理模式就有 2×2＝4 種，即依託型、共栖型、漁利型和協同型技術創新管理模式，如表 8-1 所示。

表 8-1　　　　　基於共生理論的技術創新管理模式分類

序號 \ 維度	共生能量分配	共生界面擴展	技術創新管理模式
Ⅰ	○	○	依託型
Ⅱ	●	○	共栖型
Ⅲ	○	●	漁利型
Ⅳ	●	●	協同型

註：○代表該方面的能力較「低」，●代表該方面的能力較「高」。

8.3.1　依託型技術創新管理模式

該模式是指共生能量分配和共生界面擴展屬性都較弱的高新技術企業，實施該管理模式的一般是縫隙型企業，處於整個產業創新鏈的下游。該類企業自主創新較弱，基本依賴大企業的技術轉讓、技術引進等進行模仿再創新，作為創新資源的單方面接受者，其知識溢出較少，共生能量分配方向單一；同時該企業缺乏共生界面管理，共生介質單一，且共生阻力較大，屬於產業中的縫隙型企業。

自主研發需要資金實力和科研隊伍支撐，依託型企業往往引進先進技術而模仿創新，以降低成本和風險。該類企業的經營業務往往放在少數企業身上，擅長於改進現有大企業生產工藝或提高現有產品的附加價值。企業間非常註重與合作夥伴的溝通，常積極主動地與對方建立聯繫，但企業之間的合作更多關注的是關係和溝通，而非交易的過程，合作方式較單一，對合作夥伴的依賴性較強，關係在投入資源中所在比例過高。值得注意的是，企業對少數大企業的關係依賴程度較高，企業的生產經營過程全都圍繞少數大企業而開展，因此對

關係資源投入了大量資本。然而如果遇到突發狀況，合作關係終止，這種投入就會變成成本，給資源關係投資企業造成沉重的負擔。並且，引進技術會發生「效應延後」現象，不利於贏得市場競爭優勢，過分註重短期行為，也不利於企業培養自主研發能力。類似地，胡曉鵬（2008）也支持了該觀點，他認為寄生關係的共生能量最低，可能是由於企業集團具有強大的規模和權威控製偏好所造成的。比如，中國石油集團存在很多下屬事業單位編制的二級企業或者是民營科技企業，這些企業為中國石油集團提供了技術服務。中國石油集團通過委託外包的形式，將不願意自主研發的小技術分包給一些中小高新技術企業。這些企業長期與中石油進行合作，不僅僅能夠獲得盈利，還能夠獲得信息、知識等創新資源共享，不斷提高自身技術創新能力，滿足中石油發展的需求。這說明它們依靠中石油的業務得到生存與發展，過於註重與中石油維持良好的關係質量，對此投入了長期大量的專屬性資源，而缺乏對其他市場的關注和資源投入，無法擴展創新資源共享平臺和增加創新資源種類，獲得新的創新點，難以實現突破式成長。

8.3.2 共栖型技術創新管理模式

該模式是指共生能量分配屬性較強，而共生界面擴展屬性較弱的高新技術企業。該類企業通常致力於專業化和差異化戰略，處於整個產業創新鏈的中下游。與依託型企業截然不同的是，該類企業一般擁有較強的科研團隊，自主研發能力較強，註重技術知識累積，知識吸收和知識溢出程度較高，共生能量分配方向均衡，但共生界面擴展能力較弱，共生介質單一，且共生阻力較大。

企業自主研發的科研成果可以轉化為產品進行銷售，也可以轉讓給其他企業。這類企業與合作夥伴的合作動力主要來自技術需求，是一種非常被動的適應，由於企業與合作夥伴之間更多的關注點在於技術交易的過程（把技術賣給別人，或者為別人提供技術諮詢等），企業創新共生平臺意識模糊；與政府、金融機構、新聞媒體等多種組織聯繫較鬆散，共生介質較單一，共生阻力較大，共生界面缺乏穩定性。例如，環能德美集團（以下簡稱「環能德美」[①]）成立於1990年，一直致力於水處理磁技術的研發與應用，開發了稀土磁盤分離淨化廢水設備，是一家在污水處理行業具有較強科研競爭力和較弱的多元化協同能力的現代民營高科技集團企業（見表8-2）。環能德美集團旗下共擁有4家公司，包括四川環美能科技有限責任公司、四川冶金環能工程有

---

① 資料來源：環能德美課題組、環能德美公司內部資料。

限責任公司、四川德美環境技術有限責任公司（國家高新技術企業）、北京環能工程技術有限公司，為客戶提供環保和節能新技術整體解決方案。該集團以永磁技術為核心專註於水處理技術開發和應用，成功研究開發出「稀土磁盤分離成套技術設備」「超磁分離水體淨化成套技術」，具有淨化效率高、運行成本低、自動化程度高、安全可靠等顯著優勢。該技術在工業水處理、礦產資源綜合利用、市政水綜合利用等領域有大規模應用，居於國內領先水平。

表 8-2　　　　　　　　　　　公司競爭優劣勢分析

資源或能力一級	二級	舉例	競爭優勢
有形資源	實物資源	廠房、設備等固定資產	★★★★☆
	財務資源	現有資金和可融資資源	★★★★☆
無形資源	組織資源	企業內部治理和組織結構、制度體系、採購、銷售網路與資源	★★★☆☆
	技術資源	技術儲備，如專利、商標等所必需的知識更新所需要的資源，如技術人員、研究條件	★★★★☆
	人力資源	企業管理者與員工的培訓、經驗、知識、洞察力、適應性、共識與忠誠等	★★★☆☆
	企業文化	企業形象、企業宗旨、價值觀等	★★★★☆
職能領域能力	營銷	敏銳的市場意識，健全市場訊息管理通道，準確的市場定位與恰當的促銷手段，有效的分銷物流體系，完善的客戶管理體系	★★★☆☆
	人力資源	持續的員工培訓，有效的激勵機制，完善的管理體系	★★★☆☆
	研究與開發	快速的產品革新，獨到的工藝技術，較強的基礎研發	★★★★☆
	製造	敏捷製造，精密製造，複雜製造	★★★☆☆
	財務	完善的財務管理崗位設置，健全的財務管理和監督制度，較強的融資和投資理財能力	★★★☆☆
	管理訊息系統	完善的訊息管理體系，較強的訊息搜集和處理能力，商務電子化能力	★★☆☆☆
跨職能綜合能力	學習能力	個人學習氛圍，實踐與理論的結合	★★★☆☆
	創新能力	鼓勵創新的氛圍，有效的創新方法	★★★☆☆
	戰略能力	市場驅動、顧客和供應商的良好合作關係，建立戰略聯盟，有效的組織結構，健康的企業文化，掌握企業變革時機	★★★☆☆

資料來源：據本研究整理。

從環能德美集團的競爭優劣勢分析結果可以看出，無形資源中的技術資源較強，而組織資源和人力資源較弱，另外，從職能領域能力來看，除了研發能力較強以外，製造、管理信息化、人力資源和營銷能力都急需提高。這說明企業內部管理不夠成熟，科研成果的推廣效果不佳，內外部資源整合能力較弱，具體表現為：非鋼市場開拓亟須加強、技術與市場匹配度不夠強，技術的生化處理能力不強，應用範圍有限，員工技術知識與經驗尚待提高，總承包和託管營運業務支撐平臺還較薄弱，品牌知名度不高，總部所在地不屬於核心城市等問題。因此，企業應當加大市場開拓力度，加強售後服務和客戶關係管理，迎合客戶的需求，提高客戶滿意度和忠誠度，並且以技術為主要支撐，為非鋼細分市場客戶提供水處理整體解決方案，逐步形成非鋼領域品牌優勢。同時，進一步規範企業管理，逐步完善管理信息化平臺，提高管理效率，提升內部管理能力，實現資源的優化配置。由於該企業缺乏構建創新資源共享平臺的清晰意識，在創新成果轉化和市場化營運方面的經驗不足，應該加強共生界面擴展，積極搭建以自身為中心的創新價值共享與創造網路，提高外源協同能力。值得注意的是，獨自承擔科研任務導致較高的科研風險，一旦失敗企業往往需要付出慘痛代價，企業應積極整合外源技術，分攤創新風險。此外，該類企業合作夥伴類型較單一，應該積極拓展合作夥伴類型，企業應通過搭建共生界面來整合外部市場資源，實現「借船出海」，將科研成果順利轉化。

8.3.3 漁利型技術創新管理模式

該模式是指共生界面擴展屬性較高，而共生能量分配屬性較弱的高新技術企業。該類型企業一般致力於專業化和差異化戰略，處於整個產業創新鏈的中下游。與共棲型企業截然相反的是，該類企業一般自主研發能力較弱，技術知識累積較少，知識吸收和知識溢出程度較低，故共生能量分配方向不均衡，但與政府、金融機構、科研院校的聯繫較緊密，共生界面擴展能力較強，共生介質多樣，且共生阻力較小。

雖然在規模和實力上處於劣勢，但生存危機和競爭壓力迫使漁利型企業更加關注市場機會，適應市場需求，具有較強的市場應變能力。該類企業擅長於通過本地搭建市場營銷網路將科研成果推廣到市場。在網路中，企業對待其他成員的態度是積極主動的，由於業務類型廣泛，需要與各種機構建立關係。同時，漁利型企業具有較強的外源技術協同能力，即整合外部技術資源來彌補自主研發能力的不足。Karim 和 Mitchell（2000）認為積極搜尋外部技術，對企業技術資源進行重新配置的企業比那些僅專註於內部研發的企業更具有活力，

更能在複雜的競爭環境中生存下去。無論是通過委託開發、直接購買或是項目合作的方式，產學研合作可以通過科研院校的研發能力彌補漁利型企業自主研發的薄弱。萬安石斛公司就是一個典型例子。

四川萬安石斛產業開發有限公司（簡稱「萬安石斛」[①]）是一家由四川省科技廳認定的高新技術企業，是由國家級農業龍頭企業四川通豐科技有限公司與中國科學院四川分院生物研究所聯合控股，主要從事微量元素水溶肥料、有機水溶肥料生產銷售，農業新技術新產品研究開發。該公司投資開發了萬安石斛產業科技園，自籌資金開展生產活動，並招商引進其他附屬產業，是以企業為主導，集成「引進—示範—推廣」技術為一體的產業園區，該園區現已規劃土地面積1,136畝（1畝≈666.67平方米），共分為三大功能模塊（見圖8-2）：石斛種苗繁育區、工廠化規範種植區、新產品研發區。

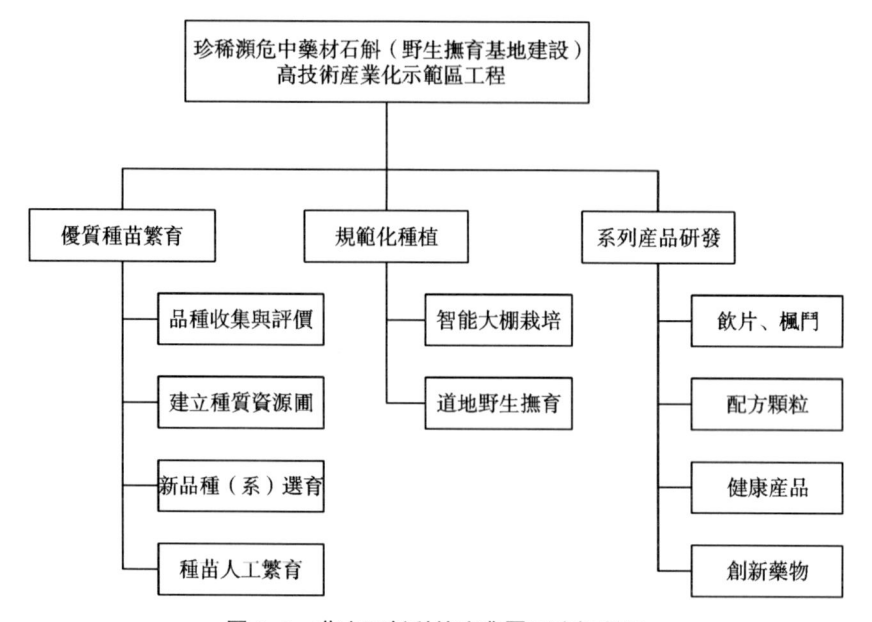

圖8-2　萬安石斛科技產業園區建設項目

資料來源：據本研究整理。

萬安石斛公司一貫秉承市場需求導向的理念，以政策支持為動力，以技術創新為支撐，採用現代高科技種植和養殖名貴瀕危中藥資源，打造知名藥業品牌，整合城鄉資源，開發國內國際市場。在四川省政府打造「川藥」優勢特色資源發展規劃的背景下，該公司開發和營運了萬安石斛產業科技園。萬安石

[①] 資料來源：農業科技企業技術創新管理課題組、萬安石斛公司內部資料。

斛產業科技園是雙流區政府規劃建設 20 個現代農業園中首批引進的高科技農業園，以石斛為主要產品的中藥種苗繁育及深加工為主，向農民宣傳、展示農業新技術、新成果的推廣形式，通過培訓農民、傳遞市場信息、擴大技術輻射面來提高農民的技術水平和加快新技術的推廣應用。通過萬安石斛產業園區，萬安石斛公司進一步擴大其整合外界資源的先天優勢，與顧客、科研院所、同行企業等建立起了密切的合作關係。由於公司目前的自主研發力量不足，公司主要以外源技術協同為主，自主創新為輔，十分重視與外部高校、科技機構的合作，企業往往採用委託開發、直接購買、戰略聯盟、技術依託、項目合作等方式來獲得外界的技術支持。比如，萬安石斛與成都中醫藥大學、北京中醫藥大學、四川農科院等科研院校建立了緊密聯繫，通過與科研院所組建虛擬研發組織，把外界的研發力量彙集在一起，整合資金優勢、市場化優勢、科技成果轉化優勢和科研院所技術優勢，彌補自身科研能力的不足。除外，企業技術創新包括兩大部分，技術創新成果的獲取與轉化，萬安石斛公司依靠比較健全的營銷網路體系來實現科技成果的轉化。而公司的技術成果轉化的主要活動是農作物種植加工與產品營銷。公司的種植主要是與參股成立專業農業合作社以及家庭農場合作，公司為其提供種苗、技術培訓和服務等，並統一回收專業農業合作社以及家庭農場種植的成熟農作物，進行深加工，形成高價值產品提供給市場和顧客。在種植過程中，公司向農戶提供優質的種苗，並為其提供技術培訓與服務，以保證其做到科學種植。在加工過程中，公司嚴把質量關，確保產品質量，並重視成本的合理控製，同時保障生產加工全過程的安全。在營銷中，公司特別註重與其他企業和單位建立長期合作關係，重視關係營銷，並大力推動品牌建設，同時著力推動公司營銷網路和體系建設，包括銷售渠道、營銷團隊、營銷策略等方面。在技術成果轉化的過程中，公司種植加工和營銷活動都是圍繞市場和需求而進行的，而市場也會為兩個環節活動不斷地提供反饋信息。

雖然該企業市場運作能力較強，擁有多樣化的共生介質，具有較強的科研成果轉化能力，但由於該企業並沒有註重打造自身科研隊伍的實力，自主研發能力較弱，無法與同行交流行業前沿信息和隱性知識，為合作夥伴傳遞較少的知識溢出，與其他企業所交換的創新資源種類較為單一，並沒有逐漸鞏固自身在產業中核心企業的地位，無法擔負起產業技術創新和行業標準制定的重大任務，不利於企業可持續發展。而且值得注意的是，由於與很多企業建立合作關係，企業承諾度較低，如果為了拓展業務或其他需求，有必要更換合作企業，只需要付出較低的成本就可以迅速地達到目的，但同時也降低了企業信譽度，

增加了企業知識產權洩露的風險。同時，過分註重科研成果的轉化，而忽視了自主創新能力的提高，企業應當加強共生能量分配，培養一支具有自主研發實力的科研隊伍，以保證企業持續健康的發展。

8.3.4 協同型技術創新管理模式

該模式是指共生能量分配和共生界面擴展屬性都較強的企業。該類型企業擁有較強的科研實力和外源協同能力，一般實施多元化經營戰略，處於產業創新鏈的上、中遊。該類企業關注於搭建企業創新網路的共生平臺，以便更好地整合利用外部資源。故共生界面擴展較強，並且該類企業與合作夥伴之問存在雙向知識分配機制，知識吸收和知識溢出較大，故共生能量分配較強。

該類企業的合作夥伴較多，常利用現代信息技術，加強與合作夥伴在知識、信息等方面的溝通與交流，與各種機構建立了良好關係，形成動態網路。在與合作夥伴的關係建立和維護過程中，企業與合作夥伴雙方一旦形成一種信任的、穩定的、可以更深層次交流的關係，企業與合作夥伴的關係將不僅局限於技術交易過程，而是可以共同解決問題、共同進行技術創新。雖然企業能夠憑自身實力完成技術創新，獲得技術在市場的壟斷地位，提高企業的競爭力，但與此同時也意味著企業需要獨自承擔技術創新所帶來的風險。相反，如果企業通過創新網路，採取創新的形式，不僅能有效地降低成本、控製風險，還能縮短技術創新所需的時間，提前占領市場（Karim，Mitchell，2000）。因此，通過建立內外部資源共享與創造的共生平臺，獲取共生界面上共生能量的增殖，能為企業可持續發展提供不竭動力。曾被譽為中國電力高科技第一股的「國電南自」就是搭建了良好的企業創新網路，培育了較強的共生行為，來實現企業價值的共享與創造。

國電南京自動化股份有限公司（以下簡稱「國電南自」[①]）始建於1940年，是1999年上證交易所上市的國家電力系統首家高技術上市公司。國電南自率先研發出中國前兩代靜態繼電保護產品，並創造了多個全國第一，被譽為中國電力自動化現代產品的開山鼻祖。該公司是南京市工業50強企業、國家火炬計劃重點高新技術企業、十佳創新型傑出企業、國家電力自動化產業基地骨幹企業。公司主要經營業務有：電網自動化、電廠自動化、水電自動化、軌道交通自動化、工業自動化、信息與安防監控系統、新能源與節能減排、智能一次設備等。1985—1990年，在具備一定研發人員的基礎上，工廠組建了

---

① 資料來源：國電南自課題組。

「南京電力自動化設備設計研究所」，成立了7個專業設計室。同時，工廠還與國內19所高校、6個設計院、7個研究所建立了科技合作關係，並成立南自技術顧問委員會。這些研發力量，為工廠提供了有關科技動向、市場信息、科研立項、產品質量等方面的寶貴建議，也為日後參與電力自動化高科技領域的激烈競爭奠定了內部科研人員和外源技術資源的基礎。2001年成立博士後科研工作站，著力培養高級科技和管理複合型人才，同時研究院還與電力設計院、電科所、電力公司等科研生產部門緊密合作，共同進行課題研究、項目開發、方案設計、集成測試等工作，形成一個良好互動的科研體系。

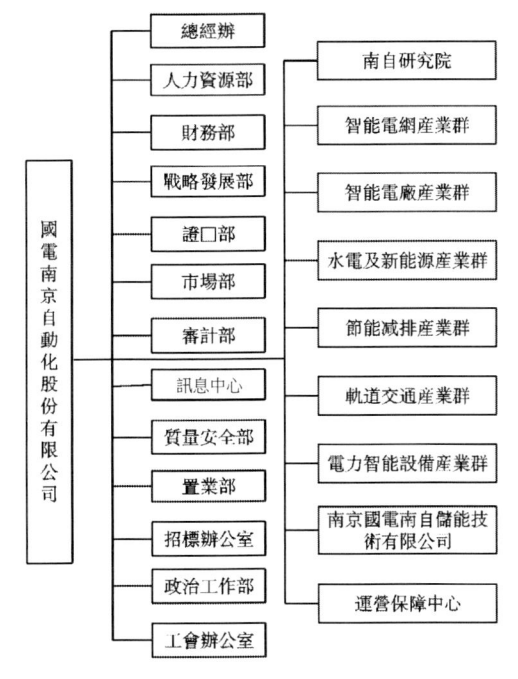

圖8-3　國電南自組織結構圖

資料來源：國電南自課題組。

　　國電南自成立至今擁有強大的自主研發能力，掌握了電力自動化、電網自動化、水電自動化、軌道交通自動化、安防信息自動化、智能電網、節能減排等幾大領域的技術優勢，已經成為中國電力系統解決方案的大型供應商，已為全球100多個國家和地區的企業提供電力系統自動化整套解決方案。國電南自不但獨立承擔了多項技術研發項目，還針對生產急需項目和重大項目開展聯合攻關，是一家擁有較強的科研實力和外源協同能力的高新技術企業。該公司為適應戰略轉型時期，提出了「兩輪驅動、三足鼎立、創新管理、跨越式發展」

發展戰略，謀劃實施電力自動化業務、新能源及節能減排業務、智能一次設備業務「三足鼎立」戰略，規劃建設中國（南京）電力自動化工業園、國電南自（江寧）高新科技園、國電南自（浦口）高新科技園、國電南自（揚州）智能電網產業園「四大園區」佈局，構築搭建電網、電力、新能源、軌道交通、信息、水電、電氣、智能設備「八大專業」板塊（見表6-3）。從其營運佈局可以看出，已構築了廣闊深厚的創新資源共生平臺。並且，與國內同行企業相比，該公司具有更大的「溢出」效應，長期致力於創新資源共生平臺的構築，逐漸鞏固了其在電力自動化產業中的主導企業角色。該公司在電力自動化產業中扮演了構築共生平臺的角色和作用，其中，盈利能力、知識溢出、營運網路規模等情況都刻畫出國電南自具備價值共享與創造的意識和能力，具備價值平臺搭建和優化的能力，國電南自通過夯實以自身為中心的共生平臺，也實現了企業技術創新績效的提高，是一家實施協同型技術創新管理模式的企業。但值得注意的是，合作夥伴的多樣化，增加了合作風險和管理成本，企業應該謹慎選擇合作夥伴，並避免不必要的風險。

基於上述分析，不同類型的高新技術企業技術創新管理模式具有不同特徵，具體如表8-3所示。

表8-3　　　　　　高新技術企業技術創新管理模式比較

模式	共生能量分配	共生界面擴展	創新鏈	優勢	劣勢
依託型	資源分配不均；資源單一化；資源傳遞少	平臺意識缺乏；共生阻力很大；共生介質單一	下游	風險低；成本低	依賴性；效應延後；短期行為
共棲型	資源分配均衡；資源較多元；資源傳遞較頻繁	平臺意識模糊；共生阻力較大；共生介質較單一	中、下游	知識累積較多；自主研發強	被動性；創新風險高；成果轉化率低
漁利型	資源分配不均；資源較單一；資源傳遞較少	平臺意識較清晰；共生阻力較小；共生介質較多樣	中、下游	主動性；科研成果轉化率高	知識累積較少；自主研發弱；短期行為
協同型	資源分配均衡；資源多元化；資源傳遞頻繁	平臺意識清晰；共生阻力小；共生介質多樣化	上、中遊	分攤風險；資源共享；共贏模式	主體多元化；管理複雜化；長期行為

資料來源：據本研究整理。

8.4　本章小結

從中國高新技術企業發展歷程來看，高新技術企業是中國技術創新的主力軍，受到政府和企業家的高度重視，已建立多個高新技術產業園區，頒布多項劃定和扶持高新技術企業的政策。目前，有利於高新技術企業的創新網路環境和共生環境已逐步形成。基於此，本書認為高新技術企業快速發展的關鍵就在於：在產學研府民的企業創新網路環境中，通過共生行為有效地整合科研院校、同行競爭者、政府、供應商、顧客等各類利益相關者的創新資源，挖掘自身技術創新管理優劣勢，並進行提升和優化。

基於共生行為，本書提出了四種高新技術企業技術創新管理模式，並分析了各自的內涵與優劣勢，分析結果表明：①共生行為對技術創新有重要作用，企業應註重共生行為的培養。實力弱小的高新技術企業應搭建共生界面進行技術、信息和知識的交流，優化配置共生能量，實現企業之間創新資源的共享與創造，從而提高創新績效。②現有技術創新管理模式之間存在演化路徑，實力不足的高新技術企業提高創新能力，應該走的路徑有兩種，一是先天具備科研實力的企業，側重於發展共生界面擴展行為，實現「借船出海」，如科研轉制科技企業；二是先天具備市場轉化的企業，應側重於發展共生能量分配行為，實現自主研發能力的提高，如多元投資主體的科技企業。

9 技術創新能力的成長特徵研究
——以農業科技企業為例

　　技術創新能力是影響企業創新績效的直接動力和關鍵因素（杜躍平，方韻然，2014），歷來是理論界和企業界所關注的重要問題之一。早期有關技術創新能力與企業成長的研究，側重於將技術創新視為內部化技術來源，而忽視對企業外部技術來源的技術創新能力進行研究。20世紀90年代以來，學術界掀起了企業創新網路的研究熱潮，人們對技術創新能力的關注逐漸從內部轉向外部，從單一轉向多元，因此一些研究者開始對外部技術獲取能力的問題進行研究。Karim 和 Mitchell（2000）認為，積極搜尋外部技術、對企業技術資源進行重新配置的企業比那些僅專注於內部研發的企業更具有活力，更能在複雜的競爭環境中生存下去。趙曉慶（2001）將技術能力定義為企業在技術資源和技術活動方面的知識與技能的總和，技術活動主要包括企業對內部和外部技術資源的整合與協調，以及對技術的戰略管理。而且，部分學者對企業創新網路特徵對技術創新能力的影響展開研究。如 Rodan 和 Galunic（2004）等研究了網路結構異質性對於企業創新能力的影響。肖冬平、彭雪紅（2011）對知識網路的結構特徵與創新能力的關係進行了實證研究。黃昱方、柯希正（2013）研究了社會網路結構洞嵌入對創新能力的影響。劉雪鋒等（2015）認為網路結構嵌入性能夠影響企業創新行為，進而影響企業的創新能力。雖然，技術創新能力與企業的研究成果豐碩，但有關技術創新能力與農業科技企業可持續發展的研究甚少。

　　可持續發展對農業科技企業的意義非常重大，目前「單腿走路」的問題現已成為中國農業科技企業可持續發展的嚴重阻礙。在創業初期，中國農業科技企業由於自身擁有的資源有限，整合資源的能力不足，不得不偏重於一種發展途徑，以求生存和發展。因而，部分農業科技企業借助較強的自主創新優勢，繼續加強內部化技術創新能力，在市場競爭中以技術制勝；而部分農業科

技企業卻憑藉較強的外部資源整合能力，採取市場制勝的辦法，也能在市場競爭中立足。長遠來看，農業科技企業只靠「單腿走路」是走不遠的。由此，本書基於共生的視角，認為有的企業擅長共生能量傳遞，而有的企業擅長共生界面擴展；進一步結合農業科技企業的成長背景，提出技術創新能力的結構性成長特徵，並探討了農業科技企業技術創新能力的可持續成長路徑。

9.1 技術創新能力的結構性成長特徵

在一些經濟學和管理學理論中（如知識產權理論、核心競爭能力理論等），出現了新技術研發應當源於企業內部（通過投資於內部研發活動）還是源於外部（通過外部新技術的獲取活動）的爭論，即研發和購買的爭論。在與核心競爭能力理論相關的研究中，多數研究者認為企業應當將與核心能力相關的新技術研發活動集中在企業內部。但後來的一些研究反映出一種新的趨勢，Larry B（2001）認為在與企業核心競爭力相關的領域內，內部技術來源並非唯一的選擇，也可以通過整合外部技術資源獲取科研成果。趙曉慶、許慶瑞（2006）從技術能力演化的軌跡和技術能力累積的機制出發，研究內部途徑和外源途徑在技術能力演化中的互補作用，提出技術能力形成的內外途徑交替的螺旋運動模式。溫珂等（2014）通過調查中國101家公立研究院所，指導科研機構如何加強協調創新能力。饒揚德（2007）將企業技術能力成長的資源整合模式定義為企業以市場需求為出發點，對企業內外資源尤其是技術知識資源進行選擇、汲取並以激活、融合，創造與市場相匹配的新的技術資源，設計符合市場需求的產品製造流程，從而促進企業技術能力不斷躍上新的臺階。徐建中（2015）探究了企業協同創新能力對技術創新績效的影響機理。開放型網路能夠創造更多的機會，使彼此間不聯繫的企業建立聯繫，獲取資源優勢（Marco & Krackhardt, 2010）。

實際上，企業獲得新技術主要是通過內部研發和外部獲取（包括合作研發）兩條途徑完成的。企業應當通過自主創新還是整合外部技術資源的途徑來獲取新技術，這種爭論的核心在於對技術獲取途徑的選擇，而歸根究底是由於企業的技術創新能力具有結構性成長特徵。由此，本書基於技術獲取途徑的研究，並結合農業科技企業的發展歷程，界定技術創新能力的結構性成長特徵，以便做進一步的研究。

9.1.1 產生背景

從農業科技企業的發展歷程來看，其技術創新能力出現結構性成長特徵的主要原因如下。

9.1.1.1 企業性質

由於企業性質不同，農業科技企業具有不同的「先天優勢」。這種先天優勢主要表現在，科研院所改制的農業科技企業具有深厚的技術累積，擁有較強的自主創新能力，往往憑藉企業內部研發機構獲得科技成果。例如，中國農機院、中國農科院蔬菜所、湖南農業科技辣椒所、隆平高科、江蘇明天瑞豐科技有限公司等是科研單位、院校創辦科技企業的典型樣板，這些農業科技企業的發展擁有源源不斷的技術支撐。而多元化社會資本投資的農業產業化龍頭企業具有較強的外部資源整合能力，往往採取外源技術協同的方式來獲取科技成果。目前，中國已湧現出一大批多元化社會資本投資的農業產業化龍頭企業，如，上海祥欣畜禽有限公司、北京德青源農業科技股份有限公司、四川萬安石斛產業開發有限公司等。這種先天優勢會促使技術創新能力在成長過程中出現結構性演變。

9.1.1.2 資源配置能力

從企業的可控資源看，對於任何一個企業而言，能夠支配和控制的資源和條件是有限的，這就要求企業在一定的約束條件下對相對稀缺資源進行合理配置和利用。在以農業科技企業為主體，以政府、科研機構、農戶和其他企業為客體的技術創新系統中，企業的可控資源也是有限的。在不同的資源配置能力下，技術創新能力發生了結構性轉變。科研機構轉制的農業科技企業指導企業充分發揮自主創新的力量，以技術制勝來搶占市場。而多元化社會資本投資的農業產業化龍頭企業指導企業要積極發揮外部技術協同能力，彌補自身科研能力不足的缺陷，在競爭中以市場制勝。

在面對同樣的競爭環境和資源條件，由於企業資源配置能力的不同，農業科技企業在技術創新能力的演化過程中出現了結構性成長特徵，即有的企業在自主創新能力方面的優勢得到強化，有的企業在外部資源整合能力方面的優勢日益增強。

9.1.2 內涵與實質

技術創新能力的結構性成長特徵是指，在企業的發展過程中，企業由於自身性質和資源配置能力等不同而引起技術創新能力發生了結構性的變化，即自

主創新能力和外源技術協同能力之間出現不均衡現象——企業或側重於自主創新能力，或側重於外源技術協同能力。這種結構性成長特徵通常是長期、穩定的。

技術創新能力的結構性成長特徵的實質就是企業自主創新能力和外源技術協同能力發展的不均衡。由於企業性質、資源配置能力等不同，以及技術創新趨勢的變化，有的農業科技企業側重於培育自主創新能力，而有的農業科技企業則側重於培育外部資源整合能力。

9.2 結構性成長特徵造成的影響

從技術創新能力的結構性成長特徵來看，初創時期，中國農業科技企業由於自身性質不同和資源配置能力有限，不得不採取「單腿走路」，以求生存和發展。企業憑藉自主創新或外源技術協同的競爭優勢，在市場中迅速搶占市場，擴大企業規模，逐漸步入成長階段。經過一定時期後，某些農業科技企業外部資源整合能力不足，難以充分調動外部資源，迅速掌握並滿足市場需求；而某些農業科技企業自主創新能力薄弱，在內部研發上不具備核心競爭力。「單腿走路」促使企業技術創新能力發生了結構性轉變，即自主創新能力和外源技術協同能力之間出現不均衡現象，這種不均衡現象給企業未來發展造成了深遠影響。

（1）根據技術創新能力的結構性成長特徵，農業科技企業可被分為兩種類型：自主創新型和外源協同型農業科技企業。自主創新型農業科技企業，是指主要依靠內部技術獲取途徑（包括原始創新、集成創新和引進再創新等）來獲取科技成果，實現經濟效益的企業。其典型代表是科研機構轉制的農業科技企業。外源協同型農業科技企業，是指主要依靠外部技術獲取途徑（包括技術引進、技術模仿和利用其他創新主體進行合作創新等）來獲取科技成果，實現經濟效益的企業。其典型代表是多元化社會資本投資的農業產業化龍頭企業。

（2）技術創新能力的結構性轉變導致農業科技企業產生出兩種截然不同的發展路徑（見圖9-1）。一是以自主創新為主導的發展路徑。比如，科研機構改制的農業科技企業具有自主創新的先天優勢，具有技術知識累積和專業科研隊伍，可通過自主創新手段來塑造核心競爭力。二是以外源協同為主導的發展路徑。比如，多元化社會資本投資的農業產業化龍頭企業的內部研發力量薄

弱，但具有整合外部資源的先天優勢，可通過整合外部技術資源的手段來彌補自主創新能力薄弱的劣勢，快速響應市場需求，利用健全的營銷渠道，如此也能順利實現經濟效益，在市場競爭中立足。

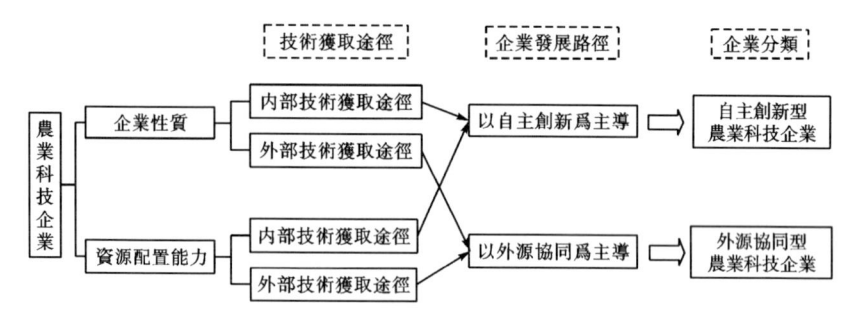

圖 9-1　技術創新能力的結構性成長過程

綜上，以自主創新為主導或以外源協同為主導的傳統發展路徑都存在一定的局限性。中國農業科技企業不能一味地追求片面的發展，而應盡量避免「單腿走路」的傳統發展路徑，注重技術創新能力的結構性均衡發展，通過培育核心競爭能力和擴大企業規模，農業科技企業的產品、技術和流程等關鍵環節才能在市場競爭中保持可持續的競爭力。

9.3　不同類型農業科技企業的可持續發展路徑

可持續發展的本質，是打破傳統發展路徑帶來的各種局限性，促進企業的成長壯大。吳應宇（2003）從企業可持續競爭力的角度認為，企業可持續發展是在協調企業量性發展與質性發展關係的基礎上，達到企業在長時期內的穩定發展。從企業可持續競爭力的角度看，企業可持續發展是協調企業量性與質性的發展關係，即協調企業的發展速度增長和規模的擴張，與企業核心競爭能力的提高之間的發展關係，以達到企業在長時期內的穩定發展。

以自主創新為主導的發展路徑的瓶頸在於過分追求自主研發，不重視結合市場需求，這種傳統發展路徑實質上阻礙了企業規模的擴大。而以外源協同為主導的發展路徑主要局限於自主創新的底子薄，缺乏對企業內部研發能力的培育，實質上阻礙了企業核心競爭能力的提高。可見，農業科技企業的以上兩種發展路徑都有各自的瓶頸，制約著企業的成長壯大。農業科技企業有必要轉變發展路徑，從傳統的發展路徑過渡到可持續的發展路徑（見圖9-2）。

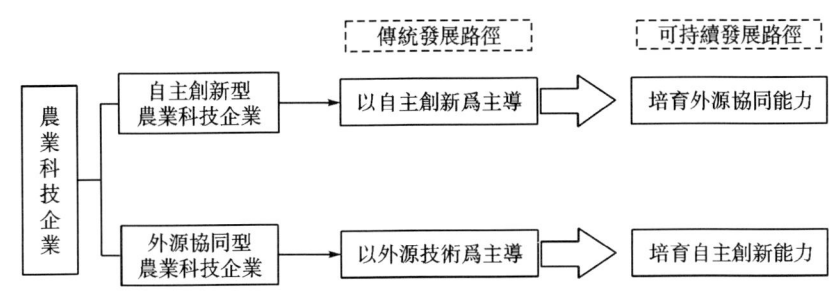

圖 9-2　不同類型農業科技企業的可持續發展路徑

9.3.1　自主創新型可持續發展路徑

饒楊德（2007）指出資源整合尤其是技術資源整合，將有助於培育和提升企業技術能力，從而提高企業技術創新能力，增強企業持續競爭優勢。自主創新型農業科技企業的可持續發展路徑應打破傳統發展路徑的局限，著重培育企業外部資源整合能力，以促進企業的規模擴張。具體策略如下。

（1）加強外部技術與企業內部技術的整合。自主創新型農業科技企業應將外部技術與本企業的核心技術進行整合，提供新的農產品和服務來不斷取得新的競爭優勢。通過外部資源整合以促進企業技術能力成長，這就要求企業在構架自主產品整體概念的同時，洞察技術發展動態及趨勢，挖掘和提升產品相關技術向其他產品領域擴展的能力、技術創新的頻率。

（2）解決農業科研與農業生產脫節的問題。農業科研機構的前身是國家事業單位，其資金來源以政府財政撥款為主，主要任務是完成國家下達的科研課題，獲取獎勵及發論文，並作為調資、晉職的依據，其中的一些研究成果往往缺乏市場化、商品化、產業化導向，重研究輕應用、重成果輕轉化。科研院所轉制的農業科技企業應註重以市場為導向，使科研成果與市場需求相接軌，提高科研成果的轉化效率；加強市場研究與開拓能力，加深對客戶的瞭解程度，提升企業利用客戶參與創新的能力；加強市場網路的建設，快速獲得市場需求信息，搶占市場先機。

芮明杰、吳光飆（2001）認為，企業可持續發展是指在可預見的未來中，企業能在更大規模上支配資源，謀求更大的市場份額，從而取得良好的發展。通過將外部技術與本企業的核心技術進行整合，解決農業科研與農業生產脫節的問題等，自主創新型農業科技企業可以源源不斷地獲得多種競爭優勢，如提高科研成果轉化效率、搶占市場先機等。這些競爭優勢最終都有利於增加市場份額，擴大企業規模，實現企業的可持續發展。

9.3.2 外源協同型可持續發展路徑

自主創新的成果，一般體現為新的科學發現以及擁有自主知識產權的技術、產品及品牌等，能夠保證企業在相當長的時間內長盛不衰。外源協同型農業科技企業的可持續發展往往是累積和強化企業自主創新能力，以培育和鞏固企業的核心競爭力，防止被競爭對手輕易模仿。具體策略如下。

（1）累積技術經驗，學習技術知識。技術能力的螺旋式動態發展過程表明，技術能力從外源到內部，購買或合作研發的方式，有利於企業累積技術經驗，學習新的技術知識，逐漸內化為一種自身的技術能力。長期以來，中國農業科技投入過於分散，且農業技術創新力量主要集中分布在科研機構和高等院校，企業內部研發力量薄弱，難以依靠技術制勝。儘管外源協同型農業科技企業不具備先天的技術優勢，但是通過合作創新與模仿創新的過程，企業可逐漸累積有助於進行自主創新的顯性或隱性知識，提高自主創新能力。

（2）培育和提升技術選擇和集成能力。企業採取以模仿創新為主的戰略，關鍵是成功選擇有價值的領先技術，在創新鏈的後階段（工藝、批發生產、質量等）能否集成順利，直接影響其產品創新（模仿）週期、性能、質量、價格等方面能否獲得競爭優勢。企業可根據變化的市場需求，不斷提升「創新單元」，並可以此發展成技術創新骨幹企業，逐步成為產業鏈條的龍頭企業。

可見，外源協同型農業科技企業通過累積技術經驗，學習技術知識，培育和提升技術選擇和集成能力等途徑，可彌補自主創新能力的不足，增強競爭優勢。這些競爭優勢最終將會轉化為企業核心競爭能力，支撐企業的持續發展。

9.4 本章小結

中國農業科技企業不能一味地追求片面的發展，不論是自主創新型農業科技企業還是外源協同型農業科技企業，都應該註重自主創新能力和外部資源整合能力的均衡發展。

為提高中國農業科技企業的持續發展能力，不同類型的農業科技企業應該採取不同的可持續發展路徑。自主創新型農業科技企業應著重培育企業外部資源整合能力，而外源協同型農業科技企業往往是累積和強化企業自主創新能

力。這樣，既能夠將與核心競爭能力相關的技術研發活動集中在企業內部，又能夠通過整合外部技術資源來獲取新技術，及時掌握市場需求，順利實現科技成果轉化，從而保證企業核心競爭能力和企業規模成長的持續性，實現企業的可持續發展。

10 技術創新能力的評價研究
——以西部農業資源型企業為例

與其他企業相比,資源型企業最大特點是依靠自然資源的佔有或獨占,以自然資源的開採和初級加工為基本生產方式,依靠資源消耗實現企業價值增長。它往往具有資源依賴性大、地理根植性強、產品附加值低等特點。目前,多數西部農業資源型企業生產中的技術含量較低,或者長期採用固定的生產方式,導致了西部農業資源型產業發展緩慢。但部分西部農業資源型企業卻實現了高成長發展,如枸杞產業的寧夏紅公司,羊絨產業的鄂爾多斯集團,等等。這些企業實現高成長的原因各有不同。回顧中國農業資源型企業的發展歷程,由於成長模式不同,不同類型的農業資源型企業賴以成長和發展的核心能力具有差異性。在創業初期,西部農業資源型企業由於自身擁有的資源有限,整合資源的能力不足,不得不偏重於一種發展途徑,以求生存和發展。因而,部分農業資源型企業借助較強的自主創新優勢,繼續加強內部化技術創新能力,在市場競爭中以技術制勝;而部分農業資源型企業卻憑藉較強的外部資源整合能力,在市場營銷和獲取外部技術方面具有優勢。

如何科學地評價農業資源型企業的技術創新能力,對於農業資源型企業制定創新戰略,實現可持續發展具有重要意義。因此,本書基於技術創新能力的結構性成長特徵這個理論框架,從自主研發能力、外源技術協同能力和科研成果轉化能力三個維度構建評價指標體系,可避免「單腿走路」的現象,促進技術創新能力的可持續發展。本書以西部農業資源型企業為研究對象,構建了技術創新能力評價模型,並進行應用分析,更貼近於企業現實。

10.1 技術創新能力評價模型構建

企業技術創新能力具有層次結構,是一組能力要素的集合,由自主研發能

力、外源技術協同能力和科研成果轉化能力所構成，它們之間的協調一致就會形成企業的技術創新能力的現實表現。經調研發現，企業內部存在著相互獨立的三種能力維度，對企業的總體技術創新能力有著重要的影響。其中，自主研發能力是指企業依靠自身力量開發出適應市場需要的新產品，或者是開發出降低成本的新工藝等，涵蓋了 R&D 人員總體素質、企業技術知識累積程度、R&D 費用占銷售收入的比例等要素。外源技術協同能力是指引進、吸收外部技術資源，提高企業技術創新能力，涵蓋了對外源技術信息的搜集能力、對外源技術信息的處理和加工能力、與競爭對手技術合作和信息共享程度等要素。科研成果轉化能力是指企業通過技術推廣、成果轉讓等途徑將科研成果轉化為現實生產力，涵蓋了內部各環節（研發—生產—銷售）協調運行能力、產品推廣人員能力等要素。通過對這三個能力維度的測評，可以反映農業資源型企業自主創新、外源協同、成果轉化能力水平和總體技術創新水平。

根據西部農業資源型企業技術創新能力的實地調研情況，確定了中國西部農業資源型企業的技術創新能力評價指標體系（見圖 10-1），共分為綜合層（A）、能力層（B）和要素層（C）三個層次。綜合層表明西部農業資源型企業技術創新能力總體水平。能力層根據技術創新能力解構模型，將西部農業資源型企業技術創新能力劃分為三個維度，即自主研發能力維度、外源技術協同能力維度和科研成果轉化能力維度，分別表示企業的三種技術創新能力水平。

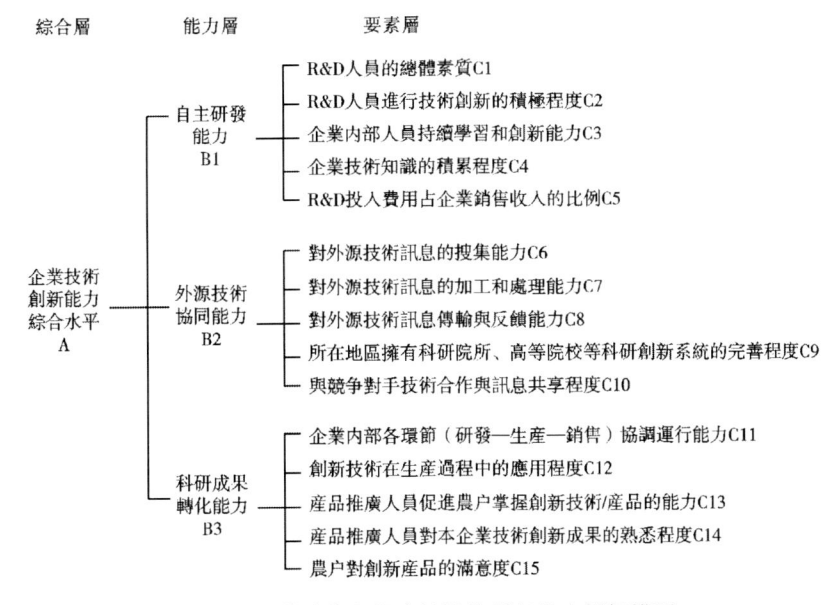

綜合層　　能力層　　要素層

企業技術創新能力綜合水平 A
- 自主研發能力 B1
  - R&D人員的總體素質 C1
  - R&D人員進行技術創新的積極程度 C2
  - 企業內部人員持續學習和創新能力 C3
  - 企業技術知識的積累程度 C4
  - R&D投入費用占企業銷售收入的比例 C5
- 外源技術協同能力 B2
  - 對外源技術訊息的搜集能力 C6
  - 對外源技術訊息的加工和處理能力 C7
  - 對外源技術訊息傳輸與反饋能力 C8
  - 所在地區擁有科研院所、高等院校等科研創新系統的完善程度 C9
  - 與競爭對手技術合作與訊息共享程度 C10
- 科研成果轉化能力 B3
  - 企業內部各環節（研發—生產—銷售）協調運行能力 C11
  - 創新技術在生產過程中的應用程度 C12
  - 產品推廣人員促進農戶掌握創新技術/產品的能力 C13
  - 產品推廣人員對本企業技術創新成果的熟悉程度 C14
  - 農戶對創新產品的滿意度 C15

圖 10-1　基於能力維度的技術創新能力評價模型

要素層是對能力層的具體化度量,選取具有代表性的、可觀測的 15 個指標,構成了西部農業資源型企業技術創新能力評價要素,是整個評價體系的基礎。

10.2 技術創新能力評價的實證分析

中國西部地區農業資源型企業數量眾多,且分布廣泛。本書將分別對西北、西南部地區選取具有代表性的農業資源型企業,進行實地調研,獲取原始數據。其中,西北部選取了 11 家企業,西南部選取了 17 家企業,共計 28 家企業。這 28 家農業資源型企業有助於瞭解當前中國西部農業資源型企業的技術創新能力水平,以此瞭解企業在三個能力維度的技術創新能力水平差異及技術創新發展存在的問題。

下面以西部農業資源型企業為例,對基於能力維度的技術創新能力評價模型進行應用研究,並討論西部農業資源型企業在技術創新發展中存在的問題及原因。

10.2.1 計算指標權重

10.2.1.1 構造判斷矩陣

準則層中的各準則在目標衡量中所占的比重並不一定相同,在決策者的心中,它們佔有一定的比例。本書引用 T. L. Saaty 設計的 1~9 標度方法對因子進行兩兩比較,建立判斷矩陣。其中,b_{ij}($i, j = 1, 2, \cdots, n$)表示對於 A 而言,B_i 對 B_j 的相對重要性的數值表現形式。1~9 標度分別表示兩個因素相比重要性由相同、稍微、明顯、強烈至極端重要。

根據西部農業資源型企業技術創新能力評價的層次結構模型,在充分考慮各個影響因素的基礎上,本課題邀請多名專家根據因素間的相對重要性標度進行打分,然後求出平均值,從而構建出能力層(B_1)對於要素層(C)的判斷矩陣(見表 10-1),並按照方根法計算出各指標的權重值作為評價的基礎。

表 10-1　　　　　　　　B_1-C 判斷矩陣

B_1	C_1	C_2	C_3	C_4	C_5
C_1	1	2	1	1/3	1/3
C_2	1/2	1	1/2	1/3	1/4
C_3	1	2	1	1/2	1/4

表10-1(續)

B_1	C_1	C_2	C_3	C_4	C_5
C_4	3	3	2	1	1/2
C_5	3	4	4	2	1

10.2.1.2 特徵向量和最大特徵值 λ_{max} 計算

本書採用乘積方根法來計算判斷矩陣最大特徵值及其對應的特徵向量。

① 先將判斷矩陣 B_1-C 按行將各元素連乘並開 n 次方，即求各行元素的幾何平均值

$$b_i = \left(\prod_{j=1}^{n} \delta\right)^{\frac{1}{n}} \quad (i = 1, 2, \cdots, n) \qquad (式10-1)$$

② 再把 $b_i(i = 1, 2, \cdots, n)$ 歸一化處理，即求得最大特徵值所對應的特徵向量

$$\omega_i = \frac{b_j}{\sum_{k=1}^{n} b_k} \quad (j = 1, 2, \cdots, n) \qquad (式10-2)$$

$W = (0.172,7, 0.147,1, 0.172,7, 0.228,5, 0.279,0)^T$

③ 計算判斷矩陣的最大特徵值 λ_{max}

由 $W = (\omega_1, \omega_2, \cdots, \omega_n)^T$，則判斷矩陣 B_1-C 的最大特徵值 λ_{max} 滿足：WB_1-$C = W\lambda_{max}$，即得到

$$\sum_{j=1}^{n} \delta_{ij}\omega_j = \lambda_{max}\omega_j (j = 1, 2, \cdots, n) \qquad (式10-3)$$

$$\lambda_{max} = \frac{1}{n} \sum_{i=1}^{n} \frac{\sum_{j=1}^{n} \delta_{ij}\omega_j}{\omega_i} \qquad (式10-4)$$

由判斷矩陣 B_1-C，(式4-1) 和 (式4-2) 得，

$\lambda_{max} = 5.009,6$，$C.I._{B1} = \frac{\lambda_{max} - n}{n - 1} = \frac{5.009,6 - 5}{5 - 1} = 0.002,4$

(3) 一致性檢驗

計算判斷矩陣的隨機一致性比率 C.R.，檢驗其一致性。

查表得 R.I. = 1.118,5，所以

$C.R._{B1} = \frac{C.I._{B1}}{R.I._{B1}} = \frac{0.002,4}{1.118,5} = 0.002,1 < 0.1$

判斷矩陣 B_1-C 通過一致性檢驗。以此類推，同樣地進行 A-B、B_2-C、B_3-C 判斷矩陣的權重計算及一致性檢驗。由於篇幅有限，其餘計算過程不再

逐一贅述，指標權重的計算結果如下（見表10-3）。

表10-3　　　　　企業技術創新能力層次分析權重計算

	A	B_1	B_2	B_3			W_A	
A-B	B_1	1	1	0.818,7			0.308,5	λ_{max} = 3.004,4
	B_2	1	1	0.670,3			0.288,6	$C.R._A$ = 0.004,3
	B_3	1.221,4	1.491,8	1			0.402,8	
	B_1	C_1	C_2	C_3	C_4	C_5	W_{B1}	
B_1-C	C_1	1	1.221,4	1	0.670,3	0.670,3	0.172,7	
	C_2	0.818,7	1	0.818,7	0.670,3	0.548,8	0.147,1	λ_{max} = 5.009,6
	C_3	1	1.221,4	1	0.818,7	0.548,8	0.172,7	$C.R._{B1}$ = 0.002,1
	C_4	1.491,8	1.491,8	1.221,4	1	0.818,7	0.228,5	
	C_5	1.491,8	1.822,1	1.822,1	1.221,4	1	0.279	
	B_2	C_6	C_7	C_8	C_9	C_{10}	W_{B2}	
B_2-C	C_6	1	0.670,3	1.491,8	0.670,3	0.818,7	0.172,9	
	C_7	1.491,8	1	1.491,8	0.670,3	0.818,7	0.202,9	λ_{max} = 5.025,7
	C_8	0.670,3	0.670,3	1	0.548,8	0.670,3	0.136	$C.R._{B2}$ = 0.005,7
	C_9	1.491,8	1.491,8	1.822,1	1	1.221,4	0.268,4	
	C_{10}	1.221,4	1.221,4	1.491,8	0.818,7	1	0.219,8	
	B_3	C_{11}	C_{12}	C_{13}	C_{14}	C_{15}	W_{B3}	
B_3-C	C_{11}	1	1.221,4	1.491,8	0.818,7	0.670,3	0.194,1	
	C_{12}	0.818,7	1	1.221,4	0.670,3	0.548,8	0.158,9	λ_{max} = 5.006,4
	C_{13}	0.670,3	0.818,7	1	0.670,3	0.548,8	0.141	$C.R._{B3}$ = 0.001,4
	C_{14}	1.221,4	1.491,8	1.491,8	1	0.818,7	0.227,8	
	C_{15}	1.491,8	1.822,1	1.822,1	1.221,4	1	0.278,2	

10.2.2　計算得分及排名

根據指標權重計算結果，結合28家企業問卷調查數據，將問卷調查數據乘以其權重系數，算出每項能力的得分，最後算出每項能力排序及綜合水平排序。問卷調查的15個問題（Q_1-Q_{15}）分別對應15個C層指標（C_1-C_{15}）。以NY企業為例，在問卷調查中NY企業對Q_1-Q_5問題的打分為3，3，4，4，4，Q_6-Q_{10}問題的打分為4，3，2，4，4，Q_{11}-Q_{15}問題的打分為4，4，3，4，4，則計算過程如下：

（1）計算企業自主創新能力得分 Z_1

$Z_1 = W_{C1} \times Q_1 + W_{C2} \times Q_2 + W_{C3} \times Q_3 + W_{C4} \times Q_4 + W_{C5} \times Q_5$

　　$= 0.172,7 \times 3 + 0.147,1 \times 3 + 0.172,7 \times 4 + 0.228,5 \times 4 + 0.279 \times 4$

　　$= 3.68$

（2）計算企業外源技術協同能力得分 Z_2

$Z_2 = W_{C6} \times Q_6 + W_{C7} \times Q_7 + W_{C8} \times Q_8 + W_{C9} \times Q_9 + W_{C10} \times Q_{10}$

　　$= 0.172,9 \times 4 + 0.202,9 \times 3 + 0.136 \times 2 + 0.268,4 \times 4 + 0.219,8 \times 4$

　　$= 3.53$

（3）計算企業科研成果轉化能力得分 Z_3

$Z_3 = W_{C11} \times Q_{11} + W_{C12} \times Q_{12} + W_{C13} \times Q_{13} + W_{C14} \times Q_{14} + W_{C15} \times Q_{15}$

　　$= 0.194,1 \times 4 + 0.158,9 \times 4 + 0.141 \times 3 + 0.227,8 \times 4 + 0.278,2 \times 4$

　　$= 3.86$

（4）計算企業技術創新能力綜合水平得分 Z

$Z = Q_1 \times W_{C1} \times W_{B1} + Q_2 \times W_{C2} \times W_{B1} + Q_3 \times W_{C3} \times W_{B1} + Q_4 \times W_{C4} \times W_{B1} + Q_5 \times W_{C5} \times W_{B1} + Q_6 \times W_{C6} \times W_{B2} + Q_7 \times W_{C7} \times W_{B2} + Q_8 \times W_{C8} \times W_{B2} + Q_9 \times W_{C9} \times W_{B2} + Q_{10} \times W_{C10} \times W_{B2} + Q_{11} \times W_{C11} \times W_{B3} + Q_{12} \times W_{C12} \times W_{B3} + Q_{13} \times W_{C13} \times W_{B3} + Q_{14} \times W_{C14} \times W_{B3} + Q_{15} \times W_{C15} \times W_{B3}$

　$= 3 \times 0.172,7 \times 0.308,5 + 3 \times 0.147,1 \times 0.308,5 + 4 \times 0.172,7 \times 0.308,5 + 4 \times 0.228,5 \times 0.308,5 + 4 \times 0.279 \times 0.308,5 + 2 \times 0.172,9 \times 0.288,6 + 3 \times 0.202,9 \times 0.288,6 + 4 \times 0.136 \times 0.288,6 + 4 \times 0.268,4 \times 0.288,6 + 4 \times 0.219,8 \times 0.288,6 + 4 \times 0.194,1 \times 0.402,8 + 4 \times 0.158,9 \times 0.402,8 + 4 \times 0.141 \times 0.402,8 + 3 \times 0.227,8 \times 0.402,8 + 4 \times 0.278,2 \times 0.402,8$

　$= 3.65$

以此類推，可計算出其餘 27 家農業資源型企業的自主創新能力、外源技術協同能力和科研成果轉化能力得分，以及總體技術創新能力水平得分，並進行排序（見表 10-4）。

表 10-4　　　　西部農業資源型企業技術創新能力的排序

企業名稱	總體技術創新能力水平得分	技術創新能力綜合水平排序	自主研發能力排序	外源技術協同能力排序	科研成果轉化能力排序
NQ	4.25	1	1	3	1
NY	3.65	4	11	15	3
NZ	4.05	2	8	1	2
XTC	3.54	7	3	16	5

表10-4(續)

企業名稱	總體技術創新能力水平得分	技術創新能力綜合水平排序	自主研發能力排序	外源技術協同能力排序	科研成果轉化能力排序
XB	3.53	8	13	21	4
SPA	3.28	18	13	22	17
SQ	2.83	28	27	26	6
SCJ	3.57	5	3	4	22
NL	3.41	11	2	24	23
YY	3.13	22	20	12	24
SCN	3.16	21	25	20	7
SPG	3.19	20	22	13	16
GL	3.05	24	12	23	28
SS	3.30	15	17	8	18
YL	3.29	16	17	18	8
XTK	3.43	10	9	8	18
XD	3.35	14	13	18	8
XGL	3.01	26	19	28	18
XX	3.01	25	27	6	8
XTY	3.55	6	3	13	8
GY	3.74	3	3	2	8
XGG	3.25	19	3	26	25
YJ	2.95	27	22	25	25
GD	3.36	13	9	17	18
XTL	3.41	12	21	5	8
ST	3.44	9	13	8	8
XK	3.28	17	22	8	8
XS	3.08	23	26	7	25

資料來源：據本研究整理。

10.2.3 結果分析

通過將排名前5名的企業都標記為紅色，本書觀察到西部農業資源型企業技術創新能力的內在規律。該結果驗證了現實中存在三種類型農業資源型企業，並測算出每種類型企業所占比重，為西部農業資源型企業管理實踐活動提供參考。

一是競爭優勢型。自主研發能力、外源技術協同能力和科研成果轉化能力

三個能力都較強，如 NQ 企業、NZ 企業，三項能力水平和技術創新能力綜合水平都位於前 5 位，該類企業比重約占調研企業總數的 0.11%，表明競爭優勢型農業資源型企業在現實中是極少數。

二是單腿走路型。某些農業資源型企業的自主研發能力較強，但外源技術協同能力或科研成果轉化能力較弱，其技術創新能力水平排名居中。如 NL 企業的自主研發能力位於第 2，但外源技術協同能力和科研成果轉化能力分別位於第 23 和 24，其技術創新能力水平排名第 11。相反，某些農業資源型企業的外源技術協同能力較強，而自主研發能力或科研成果轉化能力較弱，其技術創新能力水平排名居中。如 SS 企業的外源協同能力位於第 15，但自主研發能力和科研成果轉化能力分別位於第 17 和 18，其技術創新能力水平排名第 11，該類企業比重約占調研企業總數的 0.68%，表明單腿走路型農業資源型企業在現實中占大多數。長遠來看，無論哪種類型的農業資源型企業，在發展過程中僅僅依靠「單腿走路」是走不遠的。

三是競爭劣勢型。SQ 企業的自主研發能力、外源技術協同能力和科研成果轉化能力三個能力都較弱，技術創新能力水平的排名落後。如 YJ 企業的自主研發能力、外源協同能力和科研成果轉化能力分別位於第 22、25、25，其技術創新能力水平排名第 27，該類企業比重約占調研企業總數的 0.21%，表明競爭劣勢型農業資源型企業在現實中的比重較少。

10.3　本章小結

將自主研發能力、外源技術協同能力和成果轉化能力單獨、綜合地進行計算和分析，避免片面、孤立地研究農業資源型企業技術創新能力。研究結果表明，不同類型的農業資源型企業賴以生存和發展的技術創新能力具有差異性。某些農業資源型企業自主研發能力較強，但是外源技術協同能力和科研成果轉化能力薄弱，其成長瓶頸在於企業與外界的信息溝通不暢，合作意識不強。該類企業要註重通過引進創新、合作創新等多種方式來獲取新技術，並以市場需求為導向，才能在市場競爭中取勝。而外源技術協同能力較強的農業資源型企業，技術創新能力綜合水平的排名落後，其成長瓶頸在於企業註重短期行為，自主創新動力不足，限制企業長期發展。該類企業應提高自主創新的意識，加強企業技術知識累積，以保證企業的可持續發展。

11 結束語

11.1 研究結論

本書基於技術創新管理理論、企業創新網路理論和共生理論,探究了中國高新技術企業、農業科技企業、西部農業資源型企業在技術創新管理過程中所面臨的諸多問題;採用規範分析和實證分析相結合的方法,按照「發現問題—提出研究假設—實證分析—得出結論」的研究範式,以研究企業共生行為的定義與維度為切入點,主要依據袁純清的共生原理,構建了本書「NCP」研究框架和相關研究假設,把共生行為量表及其在企業創新網路結構特徵和關係特徵與技術創新績效之間的仲介作用作為本書工作的難點和重點。在厘清了共生行為維度及其測量量表的基礎上,借鑒國內外有關企業創新網路結構和關係特徵、技術創新績效的成熟量表,剖析了它們三者之間的影響路徑。最後,基於共生行為的三個維度,提煉出四種高新技術企業技術創新管理模式,分析了技術創新能力的成長特徵,構建了技術創新能力評價指標體系,可幫助企業判定技術創新管理模式,提升技術創新能力水平。通過梳理本研究思路後發現,可歸納出以下主要結論。

11.1.1 企業創新網路的重要特性——共生

依據共生理論及其相關研究的梳理,本書認為共生行為是指企業在發展過程中與其他組織所發生一系列互利合作、價值共享行為的集合。共生行為具有以下特徵:競爭與合作特性、融合性、穩定性、增殖性和效率性。「共生單元」之間不斷發生交互作用,實現了企業間的優勢互補和創新資源共享。這些創新資源通過共生界面進行傳遞、交換,產生共生能量並使用。如果共生單元認為共生能量分配和共生界面擴展在可調整範圍內,那麼共生單元間將進行

再談判，通過共生能量分配來提高共生行為的增殖性和效率性，通過共生界面擴展來提高共生行為的兼容性和穩定性等，調整共生行為，以便適應企業創新網路環境的轉變。

基於共生理論及實證分析結果，本書認為共生能量分配和共生界面擴展這兩種共生行為是任意二維共生體系建立共生關係的前提條件，對於解釋企業共生行為的差異性具有重要意義。本書將共生行為劃分為共生能量分配和共生界面擴展兩個維度，也對共生行為的量化研究奠定了基礎。

11.1.2　企業創新網路對創新績效的影響機理

本書運用了技術創新管理理論、共生理論以及創新網路理論等對創新網路特徵、共生行為與技術創新績效的內涵與特徵進行了詳細的闡述，並探討了三者之間的作用機制。通過分析，本書發現企業技術創新活動主要存在著外部環境和內部環境兩個方面的制約，即企業創新網路與共生行為，因此，企業應當從這兩個方面來著手提高技術創新績效。具體建議如下：一是從企業所處的外部環境來看，企業為達到較好的技術創新績效，應構建穩定和高效的企業創新網路，實現資源的優化配置，與創新夥伴共享信息、知識等創新資源，共同提高技術創新能力。二是從企業所處的內部環境來看，企業所擁有的良好外部環境也需要通過自身能力和行為才能得到順利的轉化和吸收。這就是說外因通過內因才能起作用。技術創新績效的大小不僅取決於企業創新網路特徵，即網路規模大小、網路開放度、網路中各類創新資源的豐裕度等，更取決於各創新行為主體在相互作用中所採取的共生行為。前者是一種靜態優勢，主要是指企業發展初期，依賴企業既有的社會資源稟賦、技術能力和資金實力等要素的組合。後者是一種動態優勢，主要是指企業進行創新活動過程中，揚長避短，優化資源配置模式，加強與其他行為主體的交流與合作，形成創新網路，提高知識、信息、能量在網路中流動的效率和速率，最終構建高度協同創新的技術創新模式。

11.1.3　企業創新網路的治理——管理模式、成長特徵及能力評價

根據上述研究結論，本書主要從技術創新管理模式、技術創新能力成長路徑、技術創新能力評價三個方面，並分別以高新技術企業、農業科技企業和西部農業資源型企業為研究對象，有針對性地提出有關企業創新網路治理的對策與建議。

從中國高新技術企業發展歷程來看，作為中國技術創新的主力軍，高新技術企業一直以來受到政府和企業家的高度重視，已建立多個高新技術產業園區，頒布多項劃定和扶持高新技術企業的政策。目前，有利於高新技術企業的創新網路環境和共生環境已逐步形成。基於此，本書認為高新技術企業快速發展的關鍵就在於：在產學研府民的企業創新網路環境中，通過共生界面擴展、共生能量傳遞，有效地整合科研院校、同行競爭者、政府、供應商、顧客等各類利益相關者的創新資源，挖掘自身技術創新管理優劣勢，並進行提升和優化。本書提出了四種高新技術企業技術創新管理模式，並分析了各自的內涵與優劣勢。分析結果表明：共生行為對技術創新有重要作用，企業應註重共生行為的培養。實力弱小的高新技術企業應搭建共生界面進行技術、信息和知識的交流，優化配置共生能量，實現企業之間創新資源的共享與創造，從而提高技術創新績效。

從農業科技企業成長背景來看，技術創新能力呈現結構性成長特徵，然而越來越多的企業在技術創新活動中註重與外部組織發生聯繫，以便獲取各種創新資源，企業不再將創新活動單單局限於企業內部。所以，農業科技企業為提高持續創新能力，可以走的路徑有兩條，一是先天具備科研實力的企業，側重發展共生界面擴展行為，實現「借船出海」，如科研轉制科技企業；二是先天具備市場轉化的企業，應側重發展共生能量分配行為，實現自主研發能力的提高，如多元投資主體的科技企業。

從西部農業資源型企業的技術創新能力發展情況來看，部分企業存在「單腿走路」的現象，這是由於企業過度依賴先天自然資源稟賦而導致的。在技術創新過程從單一向多元化轉變的背景下，本書基於企業創新網路理論、技術創新過程理論，從自主研發能力、外源技術協同能力和成果轉化能力三個維度來構建技術創新能力評價指標體系，避免農業資源型企業片面、短期地追求技術創新能力，而限制企業長期發展，希冀為企業技術創新能力可持續發展提供更科學的指導。

11.2 研究展望

企業技術創新管理的理論體系包含了博大精深的內容，它既包含著技術創新擴散、技術知識轉移和管理、技術創新成果轉化的研究，還包含了技術創新

管理模式、對技術創新績效的影響機理，技術創新管理模式演化，等等。雖然本書對企業創新網路對技術創新績效的影響及治理進行了較系統的初步研究，但受限於個人能力和本書篇幅等原因，本書研究的範圍有待進一步拓展、研究深度有待進一步深入。

11.2.1 理論體系的完善

需要對企業技術創新管理展開不同層面的研究，從企業到產業、區域、國家、跨國等層面都要進行深入研究，並且，基於生態學、系統學、物理學等跨學科理論等，綜合地研究需要進行拓展的空間，進一步豐富技術創新管理理論。與此同時，雖然諸多學者對企業創新網路理論的研究付出了巨大努力，但是企業創新網路究竟對不同規模的企業、不同地區和不同行業的企業、不同文化和不同生命週期的企業是否產生不同的影響，這也將是未來理論研究中值得探索和彌補的地方。

11.2.2 研究方法的創新

本書採用了規範分析和實證分析相結合的方法，在實證分析方面運用了SPSS統計分析中的項目鑒別力分析、獨立樣本T檢驗、Pearson相關分析和探索性因子分析等，並運用AMOS軟件進行結構方程建模、驗證性因子分析和路徑分析等，以驗證本研究理論模型及其研究假設。未來研究將註重採用其他研究方法來進一步檢驗本研究假設。比如，構建仿真模型來預測技術企業在創新網路中共生行為的演化機理，採用數據挖掘方法分析互聯網背景下企業創新合作行為規律，等等。

11.2.3 研究視角的切換

本書僅僅採用了問卷調研方式，調查了企業技術創新相關情況的橫截面數據，從靜態視角來剖析各個研究變量之間的關係，缺乏動態研究。靜態研究的不足在於不能動態反映創新網路中企業行為變化趨勢及其臨界點，不能為未來發展情況作出預測。未來研究可以從財務指標和非財務指標方面，收集一段時間內企業技術創新變化情況的數據，進行縱向的時間序列研究，以及縱橫向對比分析，希冀為企業經營管理者提供可供決策與預判的一種分析工具或分析角度。

11.2.4 應用空間的拓展

由於共生理論體系還處於拓展和待完善的階段，國內外對企業共生理論的相關研究較少且不夠深入，無法借鑑成熟的測量指標，本研究開發設計了一套測量指標體系，這在一定程度上填補了共生行為量化研究的空白之處，但卻也發現有更多的問題等待繼續挖掘和回答。共生行為的測量指標體系尚不夠成熟，需要繼續檢驗。在日後的工作中，共生行為的測量體系應當被廣泛應用於各個行業領域、各個地域，並從多學科交叉的角度來進行完善。

參考文獻

[1] AHMADJIAN V, PARACER S. Symbiosis: an introduction to biological association [J]. The Quarterly Review of Biology, 1987, 62 (3): 461-467.

[2] AHUJA G. Collaboration networks, structural and innovation: a longitudinal study [J]. Administrative Science Quarterly, 2000, 45 (3): 425-455.

[3] ANDERSON J C, HÄKANSSON H, JOHANSON J. Dyadic business relationships within a business network context [J]. Journal of Marketing, 1994. 58 (4): 1-15.

[4] ANDERSON J C, NARUS J A. A model of distributor firm and manufaeturing firm working relationships [J]. Journal of Marketing, 1990, 54 (1): 42-58.

[5] ARROW K. The economic implication of learning by doing [J]. Review of Economic Studies, 1962, 29 (3): 155-173.

[6] BAKER T L. The effects of a distributor's attribution of manufacturer influence on the distributor's perceptions of conflict performance and satisfaction [J]. Journal of Marketing Channels, 1993, 3 (2): 83-110.

[7] BATJARGAL B, LIU M. Entrepreneurs' access to private equity in China: the role of social capital [M]. INFORMS, 2004.

[8] BATJARGAL B. Social capital and entrepreneurial performance in Russia: a longitudinal study [J]. Acoustics Speech & Signal Processing Newsletter IEEE, 2003, 24 (4): 535-556.

[9] BARNEY J B. Special theory forum the resource-based model of the firm: origins implications and prospects [J]. Journal of Managemnet, 1991, 17 (1): 97-98.

[10] BAUM J A C, CALABRESE T, SILVERMAN B S. Don't go it alone: alliance network composition and startups' performance in Canadian biotechnology [J].

Strategic Management Journal, 2000, 21 (3): 267-294.

[11] BECKMAN, C M, HAUNSCHILD P R. Network learning the effects of partners' heterogeneity of experience on corporate acquisitions [J]. Administrative Science, 2002, 47 (1): 92-124.

[12] BELL S J, TRACEY P, HEIDE J B. The organization of regional clusters [J]. Academy of Management Review, 2009, 34 (4): 623-642.

[13] BENASSI M, GREVE A, HARKOVA J. Looking for a network organization: the case of GESTO [J]. Market-Focused Management, 1999, 4 (3): 205-229.

[14] BENGTSSON MARIA, SÖLVELL ÖRJAN. Climate of competition, clusters and innovative Performance [J]. Journal of Management, 2004, 20 (3): 225-244.

[15] BELL G G. Clusters, networks, and firm innovativeness [J]. Strategic Management Journal, 2005, 26 (3): 287-295.

[16] BEVERLAND M B. Managing the design innovation-brand marketing interface resolving the tension between artistic creation and commercial imperatives [J]. Journal of Product Innovation Management, 2005, 22 (2): 193-207.

[17] BERNARD A B, REDDING S J, SCHOTT P K. Comparative advantage and heterogeneous firms [J]. Review of Economic Studies, 2007, 74 (1): 31-66.

[18] BJØRN T. Asheim, Isaksen A. Regional Innovation Systems: The integration of local 「sticky」 and global 「ubiquitous」 knowledge [J]. The Journal of Technology Transfer, 2002, 27 (1): 77-86.

[19] BLOUNT S. When social outcomes aren't fair-The effect of causal attributions on preferences [J]. Organizational Behavior & Human Decision Processes, 1995, 63 (2): 131-144.

[20] BLUMSTEIN P, KOLLOCK P. Personal relationships [J]. Annual Review of Sociology, 1988, 14: 467-490.

[21] BOHLMANN J D, SPANJOL J, QUALLS W, et al. The interplay of customer and product innovation dynamics: an exploratory study [J]. Journal of Product Innovation Management, 2013, 30 (2): 228-244.

[22] BROUWER E, KLEINKNEEHT A. Innovative output, and a firm's propensity to patents: An exploration of CIS micro data [J]. Research Policy, 1999, 28 (6): 615-624.

[23] BURT R S, MINOR M J. Applied network analysis: A methodological introduction [J]. Canadian Journal of Sociology, 1983, 63 (3): 176-194.

[24] BURT R S, RONCHI D. Measuring a large network quickly [J]. Social Networks, 1994, 16 (2): 91-135.

[25] CALOGHIROU Y, KASTELLI I, TSAKANIKAS A. Internal capabilities and external knowledge sources: complements or substitutes for innovative performance? [J]. Technovation, 2004, 24 (1): 29-39.

[26] CAO P. Research on the development of Chinese creative industry area in the perspective of symbiosis theory [J]. Science & Technology Management Research, 2016, 36 (23).

[27] CAPALDO A. Network structure and innovation: The leveraging of a dual network as a distinctive relational capability [J]. Strategic Management Journal, 2007, 28 (6): 585-608.

[28] CAULLERY M. Parasitism and symbiosis [J]. The Quarterly Review of Biology, 1954, 29 (3):

a) 91-92.

[29] CHIESA V, COUGHLAN P, VOSS C A. Development of a technical innovation audit [J]. Journal of Product Innovation Management, 1996, 13 (2): 105-136.

[30] CHURCHILL G A. A paradigm for developing better measures constructs of marketing [J]. Journal for Marketing Research, 1979, 16 (1): 64-73.

[31] COHEN W M. Absorptive capacity: a new perspective on learning and innovation [M]. Strategic Learning in a Knowledge Economy, 2000.

[32] COWAN R, JONARD N. Network structure and the diffusion of knowledge [C]. Maastricht University, Maastricht Economic Research Institute on Innovation and Technology (MERIT), 1999.

[33] CRAVENS D W, PIERCY N F, SHIPP S H. New organizational forms for competing in highly dynamic environments: The network paradigm [J]. British Journal of Management, 1996, 7 (3): 203-218.

[34] CROSBY L A, EVANS K R, COWLES D, DEBORAH. Relationship quality in services selling: an interpersonal influence perspective [J]. Journal of Marketing, 1990, 54 (3): 68-81.

[35] CUMMINGS J. Structural diversity, and knowledge sharing in a global or-

ganization [J]. Management Science, 2004, 50 (3): 352-364.

[36] DEBRESSON C, AMESSE F. Networks of innovators: a review and introduction to the issue [J]. Research Policy, 1991, 20 (5): 363-379.

[37] DOUGLAS A E. Symbiotic interaction [M]. New York: Oxford University Press, 1994.

[38] DOZ Y L, OLK P M, RING P S. Formation processes of R&D consortia: which path to take? where does it lead? [J]. Strategic Management Journal, 2015, 21 (3): 239-266.

[39] DWYER F R, OH S. Output sector munificence effects on the internal political economy of marketing channels [J]. Journal of Marketing Research, 1987, 24 (4): 347-358.

[40] DYER J H, NOBEOKA K. Creating and managing a high-performance knowledge-sharing network: The Toyota case [J]. Stratagic Management Journal, 2002, 21 (3): 345-367.

[41] DYER J H, SINGH H. The relational view: Cooperative strategy and sources of interorganizational competitive advantage [J]. Academy of Management Review, 1998, 23 (4): 660-679.

[42] EHRENFELD J. Industrial ecology: A new field or only a metaphor? [J]. Journal of Cleaner Production, 2004, 12 (8): 825-831.

[43] EISINGERICH A B, BELL S J, TRACEY P. How can clusters sustain performance? The role of network strength, network openness, and environmental uncertainty [J]. Research Policy, 2010, 39 (2): 239-253.

[44] FRANKE S. Measurement of social capital: reference document of public policy research, development, and evaluation [M]. Canada: Policy Research Initiative, 2005.

[45] FREEMAN C. Network of innovators: A synthesis of research issues [J]. Research Policy, 1991, 20 (5): 499-514.

[46] FUE ZENG, SHENGPING SHI, JI LI, et al. Strategic symbiotic alliances and market orientation: an empirical testing in the Chinese car industry [J]. Asia Pacific Business Review, 2013, 19 (1): 53-69.

[47] FRITSCH M, KAUFFELD-MONZ M. The impact of network structure on knowledge transfer: an application of social network analysis in the context of regional innovation networks [J]. Annals of Regional Science, 2010, 44 (1): 21-38.

[48] GAY B, DOUSSET B. Innovation and network structural dynamics: Study of the alliance network of a major sector of the biotechnology [J]. Research Policy, 2005, 34 (10): 1457-1475.

[49] GEMÜNDEN H G, RITTER T, HEYDEBRECK P. Network configuration and innovation success: an empirical analysis in German high-tech industries [J]. International Journal of Research in Marketing, 1995, 13 (5): 449-462.

[50] GILSING V, NOOTEBOOM B. Density and strength of ties in innovation networks: a analysis of multimedia and biotechnology [J]. European Management Review, 2005, 2 (3): 179-197.

[51] GRANOVETTER M. Economic Action and social structure: the problem of embeddedness [J]. American Journal of Sociology, 1985, 91 (3): 481-510.

[52] GRANOVETTER M. The strength of weak ties [J]. American Journal of Sociology, 1973, 78 (6): 1,360-1,380.

[53] GREVE A, SALAFF J W. Social networks and entrepreneurship [J], Entrepreneurship, Theory & Practice, 2003, 28 (1): 1-22.

[54] GULATI R, GARGIULO M. Where do interorganizational networks come from? [J]. American Journal of Sociology, 1999, 104 (5): 1,439-1,493.

[55] GULATI R. Network location and learning: the influences of network resources and firm's capabilities on alliance formation [J]. Strategic Management Journal, 1999, 20 (5): 397-420.

[56] HAGEDOORN J, CLOODT M. Measuring innovative performance: Is there an advantage in using multiple indicators? [J]. Research Policy, 2003, 32 (8): 1,365-1,379.

[57] HAGEDOORN J, SCHAKENRAAD J. The effect of strategic technology alliance on company performance [J]. Strategic Management Journal, 1994, 15 (4): 291-309.

[58] HAKANSSON H. Industrial technological development a network approach [M]. London: Croom Helm, 1987.

[59] HANSEN M T. The search-transfer problem: the role of weak ties in sharing knowledge across organization subunits [J]. Administrative Science Quarterly, 1999, 44 (1): 82-111.

[60] HIPPEL E V. The dominant role of users in the scientific instrument innovation process [J]. Research Policy, 1975, 5 (3): 212-239.

[61] HSU J Y. A late Industrial District? Learning Network in the Hsinchu Science Based industrial Park, Taiwan [D]. Berkeley: University of California, 1997.

[62] IANSITI M, WEST J. Technology integration: turning great research into great products [C]. Harvard Business Review on managing high-tech industries, 1997: 1-29.

[63] INKPEN A G, TSANG E. Networks, social capital, and learning [J]. Academy of Management Review, 2005, 30 (1): 146-165.

[64] JACQUELINE E, SHYAMA V R. Technological competence and influence of networks: A comparative analysis of new biotechnological firms in France and Britain [J]. Technology Analysis & Strategic Management, 1998, 10 (4): 483-495.

[65] JARILLO J C. On strategic networks [J]. Strategic Management Journal, 1988, 9 (1): 31-41.

[66] JASIMUDDIN S M, ZHANG Z. The symbiosis mechanism for effective knowledge transfer [J]. Journal of the Operational Research Society, 2009, 60 (5): 706-716.

[67] JOHANNISSON B, RAMIREZPASILLAS M. Networking for entrepreneurship: Building a topography model of human, social and cultural capital [C]. Frontiers of Enterpreneurship Research: Annual Entrepreneurship Research Conference, 2001: 6.

[68] JOHNSON J L, RAVEN P V. Relationship quality, satisfaction and performance in export marketing channels [J]. Journal of Marketing Channels, 1997, 5 (3): 19-48.

[69] JORGE S F, PIERS C P. Delivered versus mill nonlinear pricing with endogenous market structure [J]. International Journal of Industrial Organization, 2008, 26 (3): 829-845.

[70] JUKNEVIČIENĖ VITA. Development of absorptive capacity in a regional innovation system: experience of Lithuanian regions [J]. Journal of Education Culture & Society, 2015 (1_ 2015): 257-270.

[71] KALE P, SINGH H, PERLMUTTER H. Learning and protection of proprietary assets in strategic alliances: building relational capital [J]. Strategic Management Journal, 2000, 21 (3): 217-237.

[72] KARIM SAMINA, MITCHELL WILL. Path-dependent and path breaking change: reconfiguring business resources following acquisitions in the U. S. medical

sector, 1978-1995 [J]. Strategic Management Journal, 2000, 21 (10-11): 1061-1081.

[73] KAUFMAN A, WOOD C H, THEYEL G. Collaboration and technology linkages: A strategic supplier typology [J]. Strategic Management Journal, 2000, 21 (6): 649-663.

[74] KENNETH KOPUT. A chaotic model of innovative search: Some answers, many questions [J]. Organization Science, 1997, 8 (5): 528-542.

[75] KNUT KOSCHATZKY, ROLF STERNBERG. R&D cooperation in innovation systems: Some lessons from the European Regional Innovation Survey (ERIS) [J]. Abingdon: European Planning Studies, 2000, 8 (4): 487-501.

[76] KOGUT B. The network as knowledge: Generative rules and the emergence of structure [J]. Strategic Management Journal, 2000, 21 (3): 405-455.

[77] KOGUT B. The stability of joint ventures: reciprocity and competitive rivalry [J]. Journal of Industrial Economics, 1989, 38 (2): 183-198.

[78] KOGUT B, WALKER G. The small world of Germany and the durability of national ownership networks [J]. American Sociological Review, 2001, 66 (3): 317-335.

[79] KOSCHATZKY K, BROSS U, STANOVNIK P. Development and innovation potential in the Slovene manufacturing industry: Analysis of an industrial innovation survey [J]. Technovation, 2001, 21 (5): 311-324.

[80] KRAATZ M S. Learning by association interorganizational networks and adaptation to environmental change [J]. Academy of Management Journal, 1998, 41 (6): 621-643.

[81] LAGES C, LAGES C R, LAGES L F. The RELQUAL scale: a measure of relationship quality in export market ventures [J]. Journal of Business Research, 2005, 58: 1040-1048.

[82] LARSON A. Network dyads in entrepreneurial settings: A study of the governance of exchange relationships [J]. Administrative Science Quarterly, 1992, 37 (1): 76-104.

[83] LARSON A, STARR J A. A network model of organization formation [J]. Entrepreneurship Theory and Practice, 1993, 17 (1): 1071-1078.

[84] LAURSEN K, SALTER A. Open for innovation: The role of openness in explaining innovation performance among UK manufacturing firms [J]. Strategic Man-

agement Journal, 2006, 27 (2): 131-150.

[85] LAVIE D. Alliance portfolios and firm performance: a study of value creation and appropriation in the U. S. software industry [J]. Strategy Management Journal, 2007, 28 (12): 1187-1212.

[86] LEWIN R A. Symbiosis and parasitism: definitions and evaluations [J]. Bioscience, 1982, 32 (4): 254-260.

[87] LEO URBAN WANGLER. Renewables and innovation: did policy induced structural change in the energy sector effect innovation in green technologies? [J]. Journal of Environmental Planning and Management, 2013, 56 (2): 211-237.

[88] LORENZONI G, LIPPARINI A. The leveraging of interfirm relationships as a distinctive organizational capability: a longitudinal study [J]. Strategic Management Journal, 1999, 20 (4): 317-338.

[89] MADHOK A, TALLMAN S B. Resources, transactions and rents: managing value through interfirm collaborative relationships [J]. Organization Science, 1998, 9 (3): 326-339.

[90] MARSDEN P V, CAMPBELL K E. Measuring tie-strength [J]. Social Forces, 1984, 63 (2): 482-501.

[91] MARSDEN P V. Network data and measurement [J]. Annual Review of Sociology, 2003, 16 (1): 435-463.

[92] MCEVILY B, MARCUS A. Embedded ties and the acquisition of competitive capabilities [J]. Strategic Management Journal, 2005, 26 (11): 1,033-1,055.

[93] MCEVILY B, ZAHEER A. Bridging ties: A source of firm heterogeneity in competitive capabilities [J]. Strategic Management Journal, 1999, 20 (12): 1,133-1,156.

[94] MILLER K D, ZHAO M, CALANTONE R J. Adding interpersonal learning and tacit knowledge to March's explora-tion-exploitation model [J]. Academy of Management Journal, 2006, 49 (4): 709-722.

[95] MITCHELL J C. The components of strong ties among homeless women [J]. Social Networks, 1987, 9 (1): 37-47.

[96] MIRATA M, EMTAIRAH T. Industrial symbiosis networks and the contribution to environmental innovation: The case of the Landskrona industrial symbiosis programme [J]. Journal of Cleaner Production, 2005, 13 (10): 993-1002.

[97] MORGAN R M, HUNT S. Relationships-based competitive advantage: The role of relationship marketing in marketing strategy [J]. Journal of Business Research, 1999, 46 (3): 281-290.

[98] MOHR J, SPEKMAN R. Characteristics of partnership success: partnership attributes, communication behavior and conflict resolution techniques [J]. Strategic Management Journal, 1994, 15 (2): 135-152.

[99] MÖLLER K K, HALINEN A. Business relationships and networks: managerial challenge of network Era [J]. Industrial Marketing Management, 1999, 28 (5): 413-427.

[100] NOOTEBOOM B. Institutions and forms of coordination in innovation systems [J]. Organization Studies, 2000, 21 (5): 915-939.

[101] PARAHALAD C K, HAMEL G. The core competence of the corporation [J]. Harvard Business Review, 2006, 68 (3): 275-292.

[102] PARK S H, RUSSO M V. When competition eclipses cooperation: an event history analysis of joint venture failure [M]. INFORMS, 1996.

[103] PETROCZI A, BAZSÓ F, NEPUSZ T. Measuring tie-strength in virtual social networks [J]. Connections, 2007, 91 (1): 39-52.

[104] POWELL W W, KENNETH W K, DOERR L S. Interorganizational collaboration and the locus of innvation: Networks of learning in biotechnology [J]. Administrative Science Quarterly, 1996, 41 (1): 116-145.

[105] POWELL W W, SMITHDOERR L, OWENSMITH J. Network Position and Firm Performance: Organizational Returns to Collaboration in the Biotechnology Industry [J]. Research in the Sociology of Organizations, 1999, 16: 129-159.

[106] PUENTE M C R, AROZAMENA E R, EVANS S. Industrial symbiosis opportunities for small and medium sized enterprises: preliminary study in the Besaya region (Cantabria, Northern Spain) [J]. Journal of Cleaner Production, 2015, 87 (2): 357-374.

[107] RAMASAMY B, GOH K W, YEUNG M C H. Is Guanxi (relationship) a bridge to knowledge transfer [J]. Journal of Busi-ness Research, 2006, 59 (1): 130-139.

[108] RITTER T, GEMÜNDEN H G. Network competence: Its impact on innovation success and its antecedents [J]. Journal of Business Researeh, 2003, 56 (9): 745-755.

[109] RITTER T. The networking company: antecedents for coping with relationships and networks effectively [J]. Industrial Marketing Management, 1999, 28 (5): 467-479.

[110] RITTER T, WILKINSON I F, JOHNSTON W J. Measuring network competence: Some international evidence [J]. Journal of Business & Industrial Marketing, 2002, 17 (2): 119-138.

[111] ROBERTS E B, HAUPTMAN O. The process of technology transfer to the new biomedical and pharmaceutical firm [J]. Research Policy, 1985, 15 (3): 107-119.

[112] RODAN S, GALUNIC C. More than network structure: how knowledge heterogeneity influences managerial performance and innovativeness [J]. Strategic Management Journal, 2004, 25 (6): 541-562.

[113] ROMANELLI E, KHESSINA O M. Regional industrial identity: Cluster configurations and economic development [J]. Organization Science, 2005, 16 (4): 344-358.

[114] ROMER P. Increasing return and long-run growth [J]. Journal of Political Economy, 1986, 94 (5): 1,002-1,037.

[115] ROSENBERG N. Chapter 1-Uncertainty and technological Change [J]. Economic Impact of Knowledge, 1998, 26 (5): 17-34.

[116] ROSENBERG N. The direction of technological change: inducement mechanisms and focusing devices [J]. Perspectives on Technology, 1969, 18 (1): 1-24.

[117] ROSENBERG N. Why do firms do basic research with their own money [J]. Research Policy, 1990, 19 (2): 165-174.

[118] ROSENKOPF L, PADULA G. Investigating them microstructure of network evolution: Alliance formation in the mobile communications industry [J]. Organization Science, 2008, 19 (5): 669-687.

[119] ROY ROTHWELL. Towards the fifth-generation innovation process [J]. International Marketing Review, 1994, 11 (1): 7-31.

[120] RYCROFT R W. Technology-based globalization indicators: The centrality of innovation network data [J]. Technology in Society, 2003, 25 (3): 299-317.

[121] ROWLEY T, BEHRENS D, KRACKHARDT D. Redundant governance

structures: An analysis of structural and relational embeddedness in the steel and semiconductor industries [J]. Strategic Management Journal, 2000, 21 (3): 369-386.

[122] SCHILLING M A, PHELPS C C. Interfirm collaboration networks: The impact of large-scale network structure on firm innovation [J]. Management Science, 2007, 53 (7): 1,113-1,126.

[123] SCOTT G D. Plant symbiosis in attitude of biology [J]. Studies in Biology, 1998 (10): 158-170.

[124] SHAN W, WALKER G, KOGUT B. Interfirm cooperation and startup innovation in the biotechnology industry [J]. Strategic Management Journal, 1994, 15 (5): 387-394.

[125] SLATER S F, NARVER J C. Market orientation and the learning organization [J]. Journal of Marketing, 1995, 59 (3): 63-74.

[126] SOLOW R M. Technical change and the aggregate production function [J]. Review of Economics and Statistics, 1957, 39 (3): 312-320.

[127] SOUDER W E, CHAKRABARTI A K. The R&D-marketing interface: results from an empirical study of innovation projects [J]. IEEE Transactions on Engineering Management, 1978, EM-25 (4): 88-93.

[128] STAROPOLLI C. Cooperation in R&D in the pharmaceutical industry: The network as an organizational innovation governing technological innovation [J]. Technovation, 1998, 18 (1): 13-23.

[129] STORBACKA K, STRANDVIK T, GRÖNROOS, CHRISTIAN. Managing customer relationships f or prof it: the dynamics of relationship quality [J]. International Journal of Service Industry Management, 1994, 5 (5): 21-38.

[130] STRERJGTIIOFTIES A A. The acquisition and utilization of information in new product alliances: a strength of ties perspective [J]. Journal of Marketing, 2001, 65 (4): 1-18.

[131] STUART T E. Network positions and propensities to collaborate: an investigation of strategic alliance formation in a high-technology industry [J]. Administrative Science Quarterly, 1998, 43 (3): 668-698.

[132] TANG H K. An integrative model of innovation in organizations [J]. Technovation, 1998, 18 (5): 297-309.

[133] TEECE D J, PISANO G. The dynamic capabilities of firm: an introduction [J]. Industrial and Corporate Change, 1994, 3 (3): 537-556.

[134] TEECE D J. Profiting from technological innovation: Implications for integration, collaboration, licensing and public policy [M]. The Transfer And Licensing Of Know-How And Intellectual Property: Understanding the Multinational Enterprise in the Modern World: 67-87.

[135] TIWANA A. Do bridging ties complement strong ties? An empirical examination of alliance ambidexterity [J]. Strategic Management Journal, 2010, 29 (3): 251-272.

[136] TORTORIELLO M, KRACKHARDT D. Activating cross-boundary knowledge: the role of simmelian ties in the generation of innovations [J]. Academy of Management Journal, 2010, 53 (1): 167-181.

[137] TURNER S F, BETTIS R A, BURTON R M. Exploring depth versus breadth in knowledge management strategies [J]. Computational and Mathematical Organization Theory, 2002, 8 (1): 49-73.

[138] TSAI W. Knowledge Transfer in intra organizational networks: Effects of network position and absorptive capacity on business unit innovation and performance [J]. Academy of Management Journal, 2001, 44 (5): 996-1,004.

[139] UZZI B, LANCASTER R. Relational embeddedness and learning: The case of bank loan managers and their clients [J]. Management Science, 2003, 49 (4): 383-399.

[140] UZZI B. The sources and consequences of embeddedness for the economic performance of organizations: the network effect [J]. American Sociological Review, 1996, 61 (4): 674-698.

[141] UZZI B. Social structual and competition in interfirm network: the paradox of embeddedness [J]. Administrative Science Quarterly, 1997, 42 (1): 35-67.

[142] VALENTINE S V. Kalundborg symbiosis: fostering progressive innovation in environmental networks [J]. Journal of Cleaner Production, 2016, 118: 65-77.

[143] VELENTURF A P M. Promoting industrial symbiosis: empirical observations of low-carbon innovations in the Humber region, UK [J]. Journal of Cleaner Production, 2016, 128: 116-130.

[144] WALTER A, AUER M, RITTER T. The impact of network capabilities and entrepreneurial orientation on university spin-off performance [J]. Journal of Business Venturing, 2006, 21 (4): 541-567.

[145] WALTER A, MÜLLER T A, HELFERT G, et al. Functions of industrial

supplier relationships and their impaction relationship quality [J]. Industrial Marketing Management, 2003, 32 (2): 159-169.

[146] ZAHEER A, MCEVILY B, PERRONE V. Does trust matter? Exploring the effects of in- ter organizational and interpe rsonal trust on performance [J]. Organization Science, 1998, 9 (2): 141-159.

[147] WEST J, GALLAGHER S. Challenges of open innovation: The paradox of firm investment in open-source software [J]. R&D Management, 2006, 36 (3): 319-331.

[148] WU J. Technological collaboration in product innovation: The role of market competition and sectoral technological intensity [J]. Research Policy, 2012, 41 (2): 489-496.

[149] YAO L X, LIAO L P. Efficiency research on ecological technology innovation of enterprises in view of low carbon strategy based on two-stage chain DEA model and Tobit regression [J]. AMSE Journals, 2015, 36 (1): 10-31.

[150] YOSHINO M Y, RANGAN U S. Strategic alliances: an entrepreneurial approach to globalization [J]. Boston: Harvard college Press, 1996, 29 (6): 1241.

[151] ZACCARO S J, HORN Z N J. Leadership theory and practice: Fostering an effective symbiosis [J]. The Leadership Quarterly, 2003, 14 (6): 769-806.

[152] ZHAO L, ARAM J D. Networking and growth of young technology-intensive Ventures in China [J]. Journal of Business Venturing, 1995, 10 (5): 349-370.

[153] 卞華白, 高陽.「共生」聯盟系統的演化方向判別模型——基於耗散結構理論的一種分析 [J]. 學術交流, 2008 (3): 79-83.

[154] 曹麗莉. 產業集群網路結構的比較研究 [J]. 中國工業經濟, 2008 (8): 143-152.

[155] 池仁勇. 區域中小企業創新網路形成、結構屬性與功能提升：浙江省實證考察 [J]. 管理世界, 2005 (10): 102-112.

[156] 程大濤. 基於共生理論的企業集群組織研究 [D]. 杭州：浙江大學, 2003: 1-2.

[157] 陳風先, 夏訓峰. 淺析「產業共生」[J]. 工業技術經濟, 2007, 26 (1): 54-56.

[158] 陳學光. 網路能力、創新網路及創新績效關係研究 [D]. 杭州：浙

江大學, 2007: 84-85, 68-71, 74-79, 81-82.

[159] 蔡小軍, 李雙杰, 劉啟浩. 生態工業園共生產業鏈的形成機理及其穩定性研究 [J]. 軟科學, 2006, 20 (3): 12-16.

[160] 陳新躍, 楊德禮, 董一哲. 企業創新網路的聯結機制研究 [J]. 研究與發展管理, 2002, 14 (6): 26-30.

[161] 陳鈺芬, 陳勁. 開放度對企業技術創新績效的影響 [J]. 科學學研究, 2008, 26 (2): 419-426.

[162] 陳鈺芬, 陳勁. 開放式創新促進創新績效的機理研究 [J]. 科研管理, 2009, 30 (4): 1-9, 28.

[163] 陳瑤瑤, 池仁勇. 產業集群發展過程中創新資源的聚集和優化 [J]. 科學學與科學技術管理, 2005 (9): 63-66.

[164] 杜躍平, 方韻然. 企業中層管理能力和技術創新績效關係研究——企業創新能力的仲介效應檢驗 [J]. 軟科學, 2014 (4): 42-47.

[165] 竇紅賓, 王正斌. 網路結構、知識資源獲取對企業成長績效的影響——以西安光電子產業集群為例 [J]. 研究與發展管理, 2012, 24 (1): 44-51.

[166] 郭斌, 許慶瑞, 陳勁, 等. 企業組合創新研究 [J]. 科學學研究, 1997 (1): 12-18.

[167] 郭斌, 陳勁, 許慶瑞. 界面管理: 企業創新管理的新趨向 [J]. 科學學研究, 1998, 3 (1): 60-68.

[168] 郭斌. 企業界面管理的實證研究 [J]. 科研管理, 1999, 9 (5): 73-79.

[169] 官建成, 張華勝, 高柏楊. R&D/市場營銷界面管理的實證研究 [J]. 中國管理科學, 1999, 6 (2): 9-16.

[170] 關士續. 區域創新網路在高技術產業發展中的作用——關於硅谷創新的一種詮釋 [J]. 自然辯證法通訊, 2002, 24 (2): 51-54.

[171] 蓋文啟, 王緝慈. 論區域的技術創新型模式及其創新網路 [J]. 北京大學學報 (哲學社會科學版), 1999, 36 (5): 29-36.

[172] 高展軍, 李垣. 戰略網路結構對企業技術創新的影響研究 [J]. 科學學研究, 2006, 24 (3): 474-479.

[173] 胡浩, 李子彪, 胡寶民. 區域創新系統多創新極共生演化動力模型 [J]. 管理科學學報, 2011, 14 (10): 85-94.

[174] 胡曉鵬. 產業共生: 理論界定及其內在機理 [J]. 中國工業經濟,

2008（9）：118-128.

[175] 胡曉鵬，李慶科. 生產性服務業與製造業共生關係研究 [J]. 數量經濟技術經濟研究，2009（2）：33-45.

[176] 霍雲福，陳新躍，楊德禮. 企業創新網路研究 [J]. 科學學與科學技術管理，2002（10）：50-53.

[177] 黃昱方，柯希正. 社會網路結構空洞嵌入對創新能力的影響研究 [J]. 現代情報，2013（9）：29-34.

[178] 何亞瓊，秦沛. 一種新的區域創新能力評價視角——區域創新網路成熟度評價指標體系建設研究 [J]. 哈爾濱工業大學學報，2005，7(6)：88-92.

[179] 何自力，徐學軍. 一個銀企關係共生界面測評模型的構建和分析：來自廣東地區的實證 [J]. 南開管理評論，2006，9（4）：64-69.

[180] 賀寨平. 國外社會支持網路研究綜述 [J]. 國外社會科學，2001（1）：76-82.

[181] 江輝，陳勁. 集成創新：一類新的創新模式 [J]. 科研管理，2000，21（5）：31-39.

[182] 蔣軍鋒. 創新網路與核心企業共生演變研究進展 [J]. 研究與發展管理，2010，22（5）：1-13.

[183] 蔣天穎，白志欣. 企業知識轉移效率評價研究 [J]. 情報雜誌，2011，3（3）：114-118.

[184] 盧兵，廖貅武，岳亮. 聯盟中知識轉移效率的分析 [J]. 系統工程，2006，24（6）：46-51.

[185] 盧方元，焦科研. 中國大中型工業企業技術創新區域差異分析 [J]. 中國工業經濟，2008（2）：76-84.

[186] 林春培. 企業外部創新網路對漸進性創新與根本性創新的影響 [D]. 廣州：華南理工大學，2012：116, 118.

[187] 李東. 面向進化特徵的商業生態系統分類研究 [J]. 中國工業經濟，2008（11）：119-129.

[188] 李玲. 技術創新網路中企業間依賴、企業開放度對合作績效的影響 [J]. 南開管理評論，2011，14（4）：16-24.

[189] 凌丹. 基於共生理論的供應鏈聯盟研究 [D]. 長春：吉林大學，2006：6-7.

[190] 李煥榮. 基於超循環觀的戰略網路進化過程管理研究 [J]. 科技管理研究，2007（8）：186-188.

[191] 劉人懷，姚作為. 關係質量研究述評 [J]. 外國經濟與管理, 2005, 27 (1): 27-33.

[192] 劉榮增. 共生理論及其在構建和諧社會中的作用 [J]. 百家論壇, 2006 (1): 126-127.

[193] 劉雪鋒，徐芳寧，揭上鋒. 網路嵌入性與知識獲取及企業創新能力關係研究 [J]. 經濟管理, 2015 (3): 150-15.

[194] 劉祥祺，周寄中，許治. 臺灣高新技術企業與傳統企業技術創新管理模式的比較研究 [J]. 科學學與科學技術管理, 2008 (9): 70-74.

[195] 呂一博，蘇敬勤. 企業網路與中小企業成長的關係研究 [J]. 科研管理, 2010 (7): 39-48.

[196] 李煜. 文化資本、文化多樣性與社會網路資本 [J]. 社會學研究, 2001 (4): 52-63.

[197] 劉穎，王柯敏. 中國高新技術產業技術創新管理模式探尋 [J]. 科技管理研究, 2009 (11): 253-255.

[198] 李玉瓊，朱秀英. 豐田汽車生態系統創新共生戰略實證研究 [J]. 管理評論, 2007, 19 (6): 15-20.

[199] 李玉瓊. 企業共生機制的構建方法研究——以佳能複印機生態系統為例 [J]. 湖南科技學院學報, 2007 (7): 79-82.

[200] 李志剛，湯書昆，梁曉豔，等. 產業集群網路結構與企業創新績效關係研究 [J]. 科學學研究, 2007, 25 (4): 777-782.

[201] 馬剛. 產業集群演進機制和競爭優勢研究述評 [J]. 科學學研究, 2005, 23 (2): 188-196.

[202] 歐志明，張建華. 企業網路組織的演進及其類型研究 [J]. 決策借鑑, 2002, 15 (1): 2-6.

[203] 彭光順. 網路結構特徵對企業創新與績效的影響研究 [D]. 廣州: 華南理工大學, 2010: 16.

[204] 潘松挺，蔡寧. 企業創新網路中關係強度的測量研究 [J]. 中國軟科學, 2010 (5): 108-115.

[205] 彭新敏. 企業網路對技術創新績效的作用機制研究：利用式、探索性學習的仲介效應 [D]. 杭州: 浙江大學, 2009: 78-110.

[206] 彭正龍，王海花，蔣旭燦. 開放式創新模式下資源共享對創新績效的影響：知識轉移的仲介效應 [J]. 科學學與科學技術管理, 2011, 32 (1): 48-53.

[207] 潘衷志. 高技術集群企業創新網路機制研究 [D]. 沈陽: 遼寧大學, 2008: 28.

[208] 邱皓政, 林碧芳. 結構方程模型的原理與應用 [M]. 北京: 中國輕工業出版社, 2009: 100-102.

[209] 錢錫紅, 徐萬里, 楊永福. 企業網路位置、間接聯繫與創新績效 [J]. 中國工業經濟, 2010 (2): 78-88.

[210] 榮莉莉, 元甜, 蔡瑩瑩. 基於不同傳播模式的組織中的知識傳播研究 [J]. 運籌與管理, 2012, 10 (5): 223-228.

[211] 芮明杰, 吳光飆. 可持續發展: 國有企業戰略性改組的目標 [J]. 中國工業經濟, 2001 (3): 48-54.

[212] 阮平南, 姜寧. 組織間合作的關係質量評價方法研究 [J]. 科技管理研究, 2009 (4): 197-199.

[213] 榮泰生. AMOS 與研究方法 [M]. 重慶: 重慶大學出版社, 2009: 82.

[214] 任勝鋼, 胡春燕, 王龍偉. 中國區域創新網路結構特徵對區域創新能力影響的實證研究 [J]. 系統工程, 2011, 29 (2): 50-55.

[215] 任勝鋼, 吳娟, 王龍偉. 網路嵌入結構對企業創新行為影響的實證研究 [J]. 管理工程學報, 2011, 25 (4): 75-80, 84-85.

[216] 饒揚德. 企業技術能力成長過程與機理研究: 資源整合視角 [J]. 科學管理研究, 2007 (5): 59-62.

[217] 沈必揚, 池仁勇. 企業創新網路: 企業技術創新研究的一個新範式 [J]. 科研管理, 2005 (3): 84-91.

[218] 生延超. 技術聯盟的共生穩定分析 [J]. 軟科學, 2008, 22 (2): 83-86.

[219] 陶永宏. 基於共生理論的船舶產業集群形成機理與發展演變研究 [D]. 南京: 南京理工大學, 2005: 66, 93.

[220] 童星, 馬聖平. 科技型中小企業技術創新管理的中國模式 [J]. 科技進步與對策, 2002 (4): 6-7.

[221] 鄔愛其. 集群企業網路化成長機制研究 [D]. 杭州: 浙江大學, 2004: 68, 86-90, 137.

[222] 吳傳榮, 曾德明, 陳英武. 高技術企業技術創新網路的系統動力學建模與仿真 [J]. 系統工程理論與實踐, 2010, 30 (4): 587-593.

[223] 王大洲. 企業創新網路的進化機制分析 [J]. 科學學研究, 2006,

24（5）：780-786.

［224］王大洲. 企業創新網路的進化與治理：一個文獻綜述［J］. 科研管理，2001，22（5）：96-103.

［225］王大洲. 中國企業創新網路發展現狀分析［J］. 哈爾濱工業大學學報（社會科學版），2005，7（3）：67-73.

［226］魏江，徐慶瑞. 企業技術能力與技術創新能力之關係研究［J］. 科研管理，1996（1）：22-26.

［227］溫珂，蘇宏宇，周華東. 科研機構協調創新能力研究——基於中國101家公立研究院所的實證分析［J］. 科學學研究，2014，32（7）：1,081-1,089.

［228］吳飛馳. 關於共生理念的思考［J］. 哲學動態，2000（6）：21-24.

［229］王國順，劉若斯. 網路嵌入性對企業出口績效影響的實證研究［J］. 系統工程，2009，27（6）：54-60.

［230］魏江，王銅安. 個體、群組、組織間知識轉移影響因素的實證研究［J］. 科學學研究，2006（1）：21-28.

［231］吳明隆. 問卷統計分析實務——SPSS操作與應用［M］. 重慶：重慶大學出版社，2013：178，249，323-325.

［232］王慶喜，寶貢敏. 社會網路、資源獲取與小企業成長［J］. 管理工程學報，2007，21（4）：57-61.

［233］王偉強. 技術創新研究新思維——組合創新研究［J］. 科學管理研究，1996（5）：15-18.

［234］吳應宇，趙震祥. 企業可持續發展優勢衡量方法研究綜述［J］. 外國經濟與管理，2001（9）：2-7.

［235］王曉娟. 知識網路與集群企業競爭優勢研究［D］. 杭州：浙江大學，2007：66-70，50.

［236］王燕妮，張永安，樊豔萍. 核型結構汽車企業垂直創新網路演化研究——基於企業間關係強度［J］. 科學學與科學技術管理，2012，33(8)：28-35.

［237］吳永忠. 企業創新網路的形成及其演化［J］. 自然辯證法研究，2005，21（9）：69-72.

［238］王子龍，譚清美，許蕭迪. 企業集群共生演化模型及實證研究［J］. 中國管理科學，2006，14（2）：141-148.

［239］武志偉. 企業間關係質量的測度與績效分析——基於近關係理論的研究［J］. 預測，2007，26（2）：8-13.

［240］徐彬.基於共生理論的中小型科技企業技術創新管理研究［J］.軟科學,2010,24(11):27-31.

［241］肖冬平,彭雪紅.組織知識網路結構特徵、關係質量與創新能力關係的實證研究［J］.圖書情報工作,2011(18):107-111.

［242］肖洪鈞,趙爽,蔣兵.後發企業網路能力演化路徑及其機制研究——豐田的案例研究［J］.科學學與科學技術管理,2009(3):158-159.

［243］徐建中,徐瑩瑩.企業協同能力、網路位置與技術創新績效——基於環渤海地區製造業企業的實證分析［J］.管理評論,2015(1):114-125.

［244］徐磊.如何建立有效的界面——關於技術創新界面管理的探討［J］.科研管理,2002,5(3):79-83.

［245］薛偉賢,張娟.高技術技術聯盟互惠共生的合作夥伴選擇研究［J］.研究與發展管理,2010,22(2):82-90.

［246］袁純清.共生理論——兼論小型經濟［M］.北京:經濟科學出版社,1998:11,101-105,55,26,28-29,31,65.

［247］於驚濤,李作志,蘇敬勤.東北裝備製造業技術外包共生強度影響因素研究［J］.財經問題研究,2008(4):117-122.

［248］韵江,馬文甲,陳麗.開放度與網路能力對創新績效的交互影響研究［J］.科研管理,2012,(7):8-15.

［249］楊銳,黃國安.網路位置和創新:杭州手機產業集群的社會網路分析［J］.工業技術經濟,2005,24(7):114-118.

［250］閆笑非,杜秀芳.西部地區大中型工業企業技術創新能力實證研究［J］.科技進步與對策,2010(1):92-96.

［251］楊毅,趙紅.共生性企業集群的組織結構及其運行模式探討［J］.管理評論,2003,15(12):37-44.

［252］易志剛,易中懿.保險金融綜合經營共生界面特徵的計量分析［J］.經濟問題,2012(9):108-111.

［253］姚作為.關係質量的關鍵維度——研究評述與模型整合［J］.科技管理研究,2005(8):132-137.

［254］褚保金,吳川.農業科技企業的發展狀況研究［J］.農業技術經濟,2001(5):22-25.

［255］張方華.企業社會資本與技術創新績效:概念模型與實證分析［J］.研究與發展管理,2006,18(3):47-53.

［256］趙紅,陳邵願,陳榮秋.生態智慧型企業共生體行為方式及其共生

經濟效益 [J]. 中國管理科學, 2004, 12 (6): 130-136.

[257] 張紅, 李長洲, 葉飛. 供應鏈聯盟互惠共生界面選擇機制——基於共生理論的一個案例研究 [J]. 軟科學, 2011, 25 (11): 42-45.

[258] 中華人民共和國商務部. 國家重點支持的高新技術領域 [EB/OL]. http://www.mofcom.gov.cn/aarticle/bh/200805/20080505534363.html.

[259] 張雷勇, 馮鋒, 肖相澤, 等. 產學研共生網路效率測度模型的構建和分析: 來自中國省域數據的實證 [J]. 西北工業大學學報 (社會科學版), 2012, 32 (3): 43-49.

[260] 周青, 曾德明, 秦吉波. 高新技術企業創新網路的控制模式及其選擇機制 [J]. 管理評論, 2006, 18 (8): 15-20.

[261] 張首魁, 黨興華. 關係結構、關係質量對合作創新企業間知識轉移的影響研究 [J]. 研究發展管理, 2009, 21 (3): 2-7.

[262] 張偉峰, 萬威武. 企業創新網路的構建動因與模式研究 [J]. 研究與發展管理, 2004, 16 (3): 62-68.

[263] 張偉峰, 楊選留. 技術創新——一種創新網路視角研究 [J]. 科學學研究, 2006, 24 (2): 294-298.

[264] 朱偉民. 科技型小企業的創新特徵 [J]. 經濟師, 2005 (1): 167-168.

[265] 朱偉民, 萬迪昉, 王贊. 科技型小企業創新成長模式研究 [J]. 中國軟科學, 2001 (3): 28-33.

[266] 張維迎, 周黎安, 顧全林. 高新技術企業的成長及其影響因素: 分位迴歸模型的一個應用 [J]. 管理世界, 2005 (10): 94-112.

[267] 張旭. 基於共生理論的城市可持續發展研究 [D]. 哈爾濱: 東北農業大學, 2004.

[268] 朱秀梅, 費宇鵬. 關係特徵、資源獲取與初創企業績效關係實證研究 [J]. 南開管理評論, 2010, 13 (3): 125-135.

[269] 張小峰, 孫啓貴. 區域創新系統的共生機制與合作創新模式研究 [J]. 科技管理研究, 2013 (5): 172-177.

[270] 趙曉慶. 企業技術學習的模式與技術能力累積途徑的螺旋運動過程 [D]. 杭州: 浙江大學, 2001: 27-28.

[271] 趙曉慶, 許慶瑞. 技術能力累積途徑的螺旋運動過程研究 [J]. 科研管理, 2006 (1): 40-46.

[272] 張煊, 王國順, 畢小萍. 網路中心性和知識創新能力對創新績效的

影響［J］．經濟問題，2013（8）：92-96．

［273］朱岩梅，吳霖虹．中國創新型中小企業發展的主要障礙及其對策研究［J］．中國軟科學，2009（9）：23-31．

［274］張穎，謝海．技術創新的生態管理模式研究［J］．科技管理研究，2008（1）：265-267．

［275］宗蘊璋，方文輝，高建．企業技術創新能力的演化分析——基於知識的視角［J］．經濟管理，2007（22）：64-68．

［276］張志明，曹鈺．基於簇群的工業競爭力評價模型［J］．統計與決策，2009（3）：40-42．

［277］張震，陳勁．基於開放式創新模式的企業創新資源構成、特徵及其管理［J］科學學與科學技術管理，2008（11）：61-65．

國家圖書館出版品預行編目(CIP)資料

共生視角下企業創新網絡對技術創新績效的影響及治理研究 / 陳佳瑩、林少疆 著. -- 第一版.-- 臺北市 : 崧博出版 : 崧燁文化發行, 2018.09
　面 ; 　公分

ISBN 978-957-735-430-3(平裝)

1.企業管理

494.1 107014892

書　名：共生視角下企業創新網絡對技術創新績效的影響及治理研究
作　者：陳佳瑩、林少疆 著
發行人：黃振庭
出版者：崧博出版事業有限公司
發行者：崧燁文化事業有限公司
E-mail：sonbookservice@gmail.com
粉絲頁　　　　　　　網　址：
地　址：台北市中正區重慶南路一段六十一號八樓815室
8F.-815, No.61, Sec. 1, Chongqing S. Rd., Zhongzheng Dist., Taipei City 100, Taiwan (R.O.C.)
電　話：(02)2370-3310　傳　真：(02) 2370-3210
總經銷：紅螞蟻圖書有限公司
地　址：台北市內湖區舊宗路二段 121 巷 19 號
電　話：02-2795-3656　傳真：02-2795-4100　網址：
印　刷：京峯彩色印刷有限公司（京峰數位）

　本書版權為西南財經大學出版社所有授權崧博出版事業有限公司獨家發行電子書繁體字版。若有其他相關權利及授權需求請與本公司聯繫。

定價：400 元
發行日期：2018 年 9 月第一版
◎ 本書以POD印製發行